普通高等教育物联网工程专业系列教材

微物联开放平台

沈玉龙　祝幸辉　杨卫东　著

西安电子科技大学出版社

内 容 简 介

本书主要介绍物联网平台及其应用开发。全书共 6 章。第 1 章从基础技术和应用领域等方面对物联网进行了简单介绍；第 2 章讲述了国内外物联网平台现状；第 3 章详细讲述了本书自主研发的微物联共享开放平台；第 4～6 章讲述了微物联平台的系统搭建，并且通过完整的示例程序讲述了如何利用平台进行项目实战和案例应用。

本书具有较强的逻辑性，重点突出，条理清晰，由浅入深，从理论到实践，有助于读者全面学习物联网平台，具有较强的实践特色。

本书可作为高等学校计算机、软件及相关专业高年级学生或研究生的教材，也可作为从事计算机相关工作的工程技术人员的参考书籍，同时对希望快速学习物联网平台的用户也具有极好的参考价值。

图书在版编目(CIP)数据

微物联开放平台 / 沈玉龙，祝幸辉，杨卫东，著. —西安：西安电子科技大学出版社，2021.5
ISBN 978-7-5606-6026-4

Ⅰ. ①微… Ⅱ. ①沈… ②祝… ③杨… Ⅲ. ①微物联-研究 Ⅳ. ① TP393.4 ② TP18

中国版本图书馆 CIP 数据核字(2021)第 046349 号

策划编辑　明政珠　高 樱
责任编辑　刘志玲　高 樱
出版发行　西安电子科技大学出版社(西安市太白南路 2 号)
电　　话　(029)88242885　88201467　　　邮　　编　710071
网　　址　www.xduph.com　　　　　　　电子邮箱　xdupfxb001@163.com
经　　销　新华书店
印刷单位　陕西日报社
版　　次　2021 年 5 月第 1 版　　2021 年 5 月第 1 次印刷
开　　本　787 毫米×1092 毫米　1/16　印 张　8.5
字　　数　196 千字
印　　数　1～1000 册
定　　价　22.00 元
ISBN　978-7-5606-6026-4 / TP
XDUP　6328001-1
如有印装问题可调换

前　言

物联网被国务院列为我国重点规划的战略性新兴产业之一，国家"十四五"规划提出要进一步支持物联网发展。在国家政策的带动下，我国物联网领域在技术标准研究、应用示范和推进、产业培育和发展等方面取得了十足的进步。随着物联网应用示范项目的大力开展、国家战略的推进，从"中国制造2025"到"互联网+"，都离不开物联网的支撑，我国物联网市场的需求不断被激发，物联网产业呈现出蓬勃生机。物联网平台目前是业界公认的物联网发展趋势之一，物联网平台的构建原理和运用是新一代物联网人才不可或缺的重要知识组成部分。

为了让更多的学生和物联网领域的初学者快速掌握相关的理论和实际操作，本书作者结合多年的教学、科研和实践经验，经过精心的策划和创作，编写了本书。本书不仅对基础理论进行了介绍，还提供了大量应用实验，旨在让读者在不断的实际操作中更加牢固地掌握书中讲解的内容。

本书共6章，包括物联网、物联网平台、微物联共享开放平台、微物联平台基础实验、基于微物联平台的实战和应用案例。

本书由沈玉龙、祝幸辉、杨卫东共同编写。在本书的编写过程中，我们得到了西安电子科技大学计算机科学与技术学院各位领导和师生的大力支持，得到了杨力教授、董学文教授、习宁副教授、张涛、张志为、李光夏等的鼎力帮助，在此一并表示诚挚的谢意。

由于作者水平有限，且时间仓促，书中不妥之处在所难免，欢迎广大读者批评指正。

作　者
2021年1月

目 录

第1章 物联网

　　随着通信技术、计算机技术和电子技术的发展，通信方式从最初的人与人到后来的人与物，再到现在的物与物，万物互联已经成为移动通信的必然趋势。物联网在这个大背景下应运而生，被认定为继计算机、互联网之后，世界信息产业的第三次浪潮。物联网技术带动人类生活和服务全面升级，我国已将物联网纳入国家中长期科学技术发展规划和2050年国家产业线路图。

1.1　物联网简介

　　物联网的实践最早可以追溯到 1990 年施乐公司的网络可乐贩售机 Networked Coke Machine。1999 年，在美国召开的移动计算和网络国际会议提出了"传感网是下一个世纪人类面临的又一个发展机遇"，并提出了物联网这个概念。1999 年 MIT Auto-ID 中心的 Ashton 教授提出了结合物品编码、射频识别(Radio Frequency Identification，RFID)和互联网技术的解决方案。当时基于互联网、RFID 技术、EPC 标准，在计算机互联网的基础上，利用射频识别技术、无线数据通信技术等，构造了一个实现全球物品信息实时共享的实物互联网 Internet of Things。

　　2003 年，美国《技术评论》提出传感网络技术将是未来改变人们生活的十大技术之首。

　　2005 年，国际电信联盟(ITU)发布的名为 Internet of Things 的技术报告对物联网的概念进行了扩展。其中介绍了物联网的特征、相关技术、面临的挑战和未来的市场机遇，同时提出了任何时刻、任何地点、任意物体之间的互联(Any Time，Any Place，Any Things Connection)，无所不在的网络(Ubiquitous Networks)和无所不在的计算(Ubiquitous Computing)的发展愿景。

　　2006 年 3 月，欧盟召开会议"From RFID to the Internet of things"。在会议上，科研人员介绍了 RFID 的概述、规范、应用前景和存在的不足。

　　2009 年 1 月 28 日，在美国工商业领袖举行的"圆桌会议"上，IBM 首席执行官彭明盛首次提出了"智慧地球"的概念，希望通过加大对宽带网络等新兴技术的投入，振兴美国经济并确立美国未来的竞争优势。在获得时任美国总统的奥巴马的积极回应后，这一计划随后上升为美国的国家战略。2009 年，国务院总理温家宝视察中科院嘉兴无线传感网工程中心无锡研发分中心时，提出"在传感网发展中，要早一点谋划未来，早一点攻破核心技术"，并且明确要求尽快建立中国传感信息中心，这一中心也叫"感知中国"中心。

　　2010 年 3 月 5 日，温家宝总理在政府工作报告中提出，物联网是指通过信息传感设备，按照约定的协议，把任何物品与互联网连接起来，进行信息交换和通信，以实现智能化识别、定位、跟踪、监控和管理的一种网络，是在互联网的基础上延伸和扩展的网络。

2012 年 6 月，ITU 对物联网、设备、物分别做了进一步标准化定义和描述。

2013 年，高通、思科、海尔、LG 等公司联合起来组成了名为 AllSeen Alliance 的技术联盟，希望借联盟的力量推动物联网的发展。随后，各种由大公司牵头的物联网联盟相继成立。2014 年，英特尔、三星、戴尔等公司共同成立了智能家居设备标准联盟——开放互联联盟(OIC)，旨在与 AllSeen Alliance 联盟一较高下。

2014 年 1 月，谷歌宣布以 32 亿美元收购美国智能家居公司 Nest Labs，谷歌收购这家创立于 2010 年的公司的重要原因在于加速布局智能家居产业，希望在物联网领域占得一席之地。

2015 年 7 月，百度联合中国互联网协会发起成立了中国互联网协会物联网工作委员会，同年，还发布了物联网平台百度 IoT。国内的另两大互联网公司阿里和腾讯也相继推出了自己的物联网操作系统和物联网平台。同时，华为、中兴等硬件厂商也开始涉足物联网领域。

2016 年，欧盟计划投入超过 1 亿欧元支持物联网重点领域。

2018 年，中国信通院提出我国物联网“建平台”与“用平台”双轮驱动、“补短板”和“建生态”相互促进、“促应用”和“定标准”共同推进、“保安全”和“促发展”相互促进的发展策略建议。

目前在国内被最普遍引用的物联网的定义是：通过射频识别(RFID)、红外感应器、全球定位系统和激光扫描器等信息传感设备，按约定的协议，把任何物品与互联网连接起来，进行信息交换和通信，以实现智能化识别、定位、跟踪、监控和管理的一种网络。也就是说，物联网以 RFID 技术和智能传感器为基础，结合已有的网络技术、数据库技术和中间件技术等，构建了一个比互联网功能更为强大的物物相连、人物相连和人人相连的网络。这样物联网就把物理世界的实体和电子信息世界的映射有机连接起来，实现了现实世界和网络世界的融合。

物联网掀起了信息产业的第三次革命浪潮，以车联网、智能电网、智能家居、安防监控、移动支付、智能穿戴和远程医疗等应用领域为代表，为人们的生活提供了更大的便利，提高了公共服务资源调配效率，甚至改变了日常生活方式。物联网还与工业 4.0 息息相关，将促进传统生产方式向绿色、智能、低碳的方向转变，从刚性生产方式向柔性生产方式转变，显著提高了生产效率。

1.2　物联网体系

物联网包含计算机技术、电子技术等，是一种异构融合系统，并且随着技术的更新，更多的技术逐步融入物联网中。本节将带领大家对物联网所涉及的基本技术进行学习，让大家对物联网的基本架构以及关键技术有大致的了解。

目前被广泛认可的物联网体系可分为三个层面，即感知识别层、网络传输层和综合服务应用层，如图 1-1 所示。

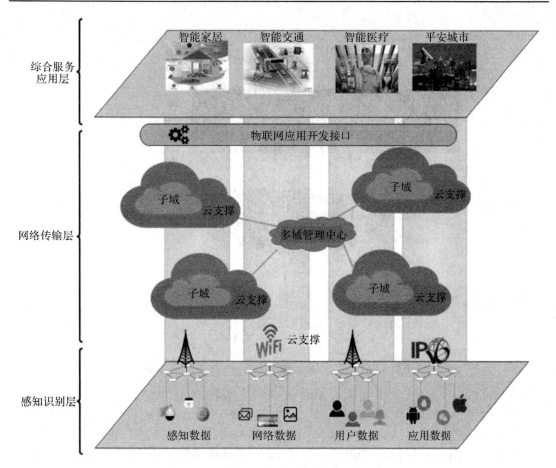

图 1-1 物联网结构图

感知识别层位于物联网模型的最底端，是所有上层结构的基础。在这个层面上，把成千上万个传感器(比如氧气传感器、压力传感器、光强传感器、声音传感器等)或阅读器安放在物理物体上，形成一定规模的传感网。通过这些传感器，感知这个物理物体周围的环境信息。当上层反馈命令时，通过单片机、简单或者复杂的机械可使物理物体完成特定命令。

网络是物联网最重要的基础设施之一。网络传输层负责向上层传输感知信息并向下层传输命令。这个层面主要采用互联网、无线宽带网、无线低速网络、移动通信网络等形式传递海量的信息。

综合服务应用层是物联网产业链的最顶层，由面向客户的各类应用组成。传统互联网经历了以数据为中心到以人为中心的转化，其典型应用包括文件传输、电子邮件、万维网、电子商务、视频点播、在线游戏和社交网络等；而物联网应用以"物"或者物理世界为中心，比如物品追踪、环境感知、智能物流、智能交通、智能电网等。

最初的物联网只是简单的传感网组合，传感网的基本架构如图 1-2 所示。此时的传感网实现的主要功能只是简单的数据采集和展示，以达到对物体的标识和监测，而对传感器收集的数据并没有进行很好的利用。

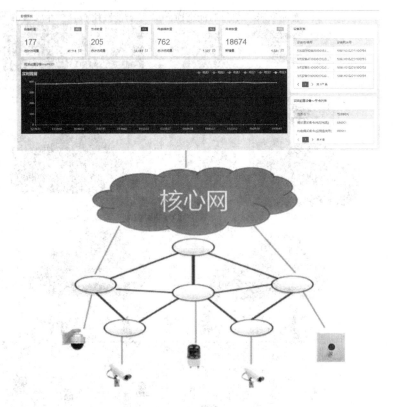

图 1-2 传感网的基本架构

传感网实现的应用简单、功能单一，这种单一的数据采集和展示并不能满足应用领域日益扩大的物联网。基于行业应用实现的物联网如图 1-3 所示。这种物联网能够实现的功能较为丰富，能够满足特定行业的应用需求。由于各个行业都是封闭的系统，所以传感网的应用不能大规模化，其架构对于开发者和用户来说都具有一定的局限性。

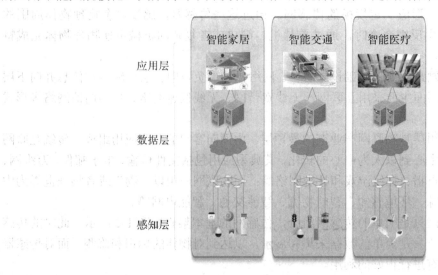

图 1-3 基于行业应用实现的物联网

为了实现各个行业之间的互联互通，物联网开放平台应运而生，其基本架构如图 1-4 所示。实际应用中，可以使用统一的传感器节点接入数据中心，可以让各个行业统一接入物联网，并且可以使用同一平台进行物联网应用开发。但因为物联网应用广泛，所以采用同一平台进行管理仍然存在问题，例如服务的时效性和系统的兼容性差。

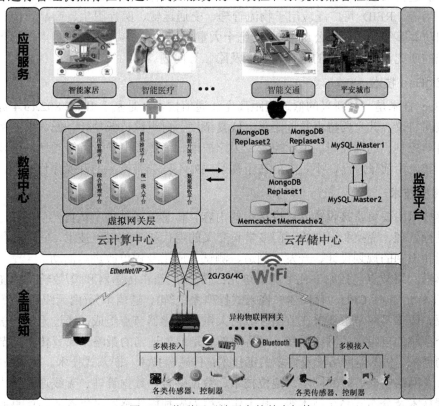

图 1-4 物联网开放平台的基本架构

在未来，运用机器学习、标识和边缘云计算等技术，物联网将实现资源跨域整合、服务对外统一等，并最终实现万物互联。

1.3 物联网的基础技术

1.3.1 感知层

1. 射频识别技术

射频识别 RFID 技术是物联网中让物品"开口说话"的关键技术，RFID 标签上存储着规范和具有互用性的信息，采用非接触的方式，利用射频通信把它们自动采集到中央信息系统就可以实现物品识别。其基本原理是利用射频信号和空间耦合(电感或电磁耦合)或雷达反射的传输特性，实现对被识别物体的自动识别。

按供电方式不同，RFID 标签分为有源(Active)标签和无源(Passive)标签；按工作频率不同，RFID 标签分为低频(LF)标签、高频(HF)标签、超高频(UHF)标签以及微波标签；按通信方式不同，RFID 标签分为主动式标签(TTF)和被动式标签(RTF)；按标签芯片不同，RFID 标签分为只读(RO)标签、读写(R/W)标签和 CPU 标签。

RFID 不仅仅是改进的条码，它还具有以下优点：非接触式，中远距离工作；大批量，由读写器快速自动读取；信息量大，细分单品；芯片存储，可多次读取；与其他各种传感器共同使用等。RFID 可广泛应用于物流管理、交通运输、医疗卫生、商品防伪、资产管理以及国防军事等领域，被公认为 21 世纪十大重要技术之一。RFID 的难点在于防冲撞技术、天线的研究、工作频率的选择、安全及隐私等问题。

2. ZigBee 技术

ZigBee 技术是一种新兴的低速短距离无线通信技术，是基于 IEEE 802.15.4 标准的低功耗局域网协议，其主要特点是近距离、低复杂度、自组织、低功耗、低数据速率，主要适用于自动控制、远程控制、工业控制、医疗护理、消费类电子设备等领域，可以嵌入各种设备，其应用前景广泛，不足之处在于需解决好不同频带产品的互操作性问题。

3. 传感技术

传感技术主要负责接收物品"讲话"的内容。传感技术是关于从自然信源获取信息，并对之进行处理、变换和识别的一门多学科交叉的现代科学与工程技术，它涉及传感器的信息处理和识别的规划设计、开发、制造、测试、应用及评价改进等活动。

传感器网络节点包括如下几个基本单元：传感单元(由传感器和模/数转换功能模块组成)、处理单元(包括 CPU、存储器、嵌入式操作系统等)、通信单元(由无线通信模块组成)以及电源。传感器网是由部署在监测区域内大量的传感器节点组成，通过无线通信方式形成的一个多跳的自组织的网络系统。网络的部署是通过适当的策略来布置传感器节点以满足特定的需求。传感器网络涉及许多关键技术：传感器技术、嵌入式技术、网络拓扑控制、网络协议、网络安全、时间同步、定位技术、数据融合、数据管理、无线通信技术、网络能耗管理技术及分布式系统技术等。其工作流程为先利用传感器采集到所需信息并传送至嵌入式系统进行实时计算，再通过现代网络及无线通信技术传输，最后送入上层服务器进行分布式处理。因此传感器网络的发展必须得到传感器技术、嵌入式技术及网络无线通信技术的支撑。

由于我国在传感器研究方面持续的投入不足，导致国际竞争能力不强，缺少龙头企业的示范带动作用，因此我国传感器产业的企业规模小，产业链不完善。传感器研究是物联网发展过程中比较薄弱的环节。

4. 物联网标识技术

物联网标识可以分为物联网对象标识、物联网通信标识和物联网应用标识三大类。物联网对象标识主要用来唯一标识物理世界的实体对象或信息世界的逻辑对象。目前我国物联网技术标准不统一，缺乏一套完善的物联网标识统一管理体系，难以实现跨系统、跨行业、跨域的信息交互。存在的主要问题如下：

(1) 标识技术之间不兼容。目前国内多种标识技术并存，并且有些标识技术已经在一定范围内得到应用并为各自的应用领域提供完善的物联网标识服务，然而这些标识技术架构之间并不能相互兼容。

(2) 现有标识技术不适用。现有的物联网标识技术架构只有极少数在设计之初针对物联网行业,因此现有的标识技术直接应用在物联网上会存在着先天的技术缺陷。

(3) 存在性能和安全挑战。物联网标识技术目前正处于不断完善的阶段,在性能和安全方面还没有得到充分的考虑,首先物联网海量的软硬件资源需要标识,标识解析服务器需要为这些对象提供实时寻址和发现服务,其次也要在这个过程中确保物联网应用和服务的安全可靠。

1.3.2 网络层

1. LoRa

LoRa 是 Semtech 公司创建的低功耗局域网无线标准,其最大特点是在同样的功耗条件下比其他无线方式传播的距离更远,实现了低功耗和远距离的统一,在同样功耗下比传统的无线射频通信距离扩大了 3~5 倍。基于 CSS 调制技术的 LoRa 技术广泛应用于军事和空间通信,也在我国抄表、石油生产检测等领域获得了应用。LoRa 技术的缺点是缺乏对移动性的支持,同时存在时延问题,所以 LoRa 更多使用在数据量较小、功耗低并且对移动性要求不高的场景。

2. IPv6 技术

物联网中众节点之间的通信无疑都会涉及寻址问题,而 IPv4 的地址已经日渐匮乏,其地址空间很难满足如今物联网对地址空间的需求,并且 IPv4 在互联网的移动性的问题上存在短板,其在 IETF 中提出的采用 MIPv4 机制来支持节点的移动方案在大量节点的移动场景使用时会导致网络资源被迅速消耗,从而使得网络瘫痪。而 IPv6 技术不仅拥有巨大的地址空间,并且采用了无状态地址分配方案,解决了海量地址的分配效率问题。针对节点移动性,IPv6 提出了 IP 地址绑定缓冲的概念,并且引入了检测节点移动的方法,同时 IPv6 设计中充分考虑到了服务质量,如在数据包结构中定义了流量类别字段和流标签字段,利用数据包所携带的流标签对服务做了细致划分。

3. NB-IoT

窄带物联网(Narrow Band Internet of Things, NB-IoT)成为万物互联网络的一个重要分支,基于蜂窝网络,只消耗约 180 kHz 的带宽,可直接部署在 GSM 网络、UMTS 网络或 LTE 网络,以降低部署成本,实现平滑升级。NB-IoT 支持待机时间长、对网络连接要求较高的设备的高效连接,也支持低功耗设备在广域网的蜂窝数据连接,被叫作低功耗广域网(LPWAN)。

1.3.3 应用层

1. 边缘云计算

边缘云计算是云计算的一种形式,但与将计算和存储集中到单个数据中心的传统云计算架构不同,边缘云计算将计算或数据处理能力推送到边缘设备进行处理,因此,只有数据处理的结果需要通过网络传输。边缘云计算可以解决边缘数据传输延迟高和数据实时处理慢的问题,能够让边缘设备得到更快的响应。边缘云提供的服务比"核心云"更加稳定,边缘设备的待机状况也可以得到很大的提升。另外,对于一些隐私保护要求较高的服务,应用边缘云计算可以将数据直接在本地存储，或者对数据进行脱敏处理之后再传输到"核心云"，从而达到保护用户隐私的目的。

2. 数据挖掘

数据挖掘(Data Mining)又译为资料探勘、数据采矿。它是数据库知识发现(Knowledge-Discovery in Databases，KDD)中的一个步骤。数据挖掘一般是指从大量的数据中通过算法搜索隐藏于其中信息的过程。数据挖掘通常与计算机科学有关，并通过统计、在线分析处理、情报检索、机器学习、专家系统(依靠过去的经验法则)和模式识别等方法来实现上述目标。

在物联网中，数据挖掘只是一个代表性的概念，它是一些能够实现物联网"智能化""智慧化"的分析技术和应用的统称。数据挖掘细分为数据仓库(Data Warehousing)、决策支持(Decision Support)、商业智能(Business Intelligence)、报表(Reporting)、ETL(数据抽取、转换和清洗等)、在线数据分析(On-Line Data Analysis)、平衡计分卡(Balanced Scoreboard)等技术和应用。

3. M2M 技术

M2M 是一种以机器终端智能交互为核心的、网络化的应用与服务。其工作内容是结合传感器及其网络技术、通信网络技术、专用芯片、模块、终端技术和 M2M 平台技术，将一个终端的数据传递到另一个终端，从而实现业务流程自动化。M2M 的目标就是可以让所有机器设备都具备连网和通信能力，其服务对象可分为个人、家庭、行业三大类，有着广阔的市场应用前景，推动着社会生活、生产方式的不断变革。

1.4　物联网行业发展问题

物联网技术的存在可以让我们的生活变得更为便利，比如现下处处可见的共享单车；可以让我们的家居变得更为安全，比如物联网智能家居安防系统中的自动报警、紧急求助按钮；可以让我们的企业生产变得更为高效，比如工业物联网中的智能流水线。显然，物联网产业的存在是很有价值的，但目前国内物联网技术的发展仍存在的一些问题需要得到关注和解决。影响物联网发展的主要因素有如下几个方面。

1. 缺乏统一的技术标准和协调机制

对物联网产业的发展来说，统一的技术标准和有效的协调机制能够保障物联网产业的发展。但是从目前物联网行业的发展情况来看，并没有一个统一的技术标准和协调机制，这势必会制约物联网的发展。目前，RFID、WSN 等技术领域还没有一套完整的国际标准，各厂家的设备往往不能实现互操作。技术标准和协调机制的标准化将合理使用现有标准，或者在必要时创建新的统一标准。

2. 系统不开放

物联网的发展离不开合理的商业模型运作和各种利益驱动，对物联网技术系统的开放将会促使应用层面的开发和提高各种系统间的互操作性。另外，目前物联网的相关技术仍处在不成熟阶段，需要投入大量的资金支持科研，实现技术转化。

3. 技术实现问题

物联网应用的领域非常广泛，涉及各行各业，不同领域都有不同需求，在一些领域，应用要求比技术开发难度大。因此，要充分考虑物联网通用技术如何满足各产业的个性需求。此外，信息如何及时、准确地采集，如何使信息实现互联互通，如何及时处理海量感知信息并把原始感测数据提升到信息，进而把信息提升到知识，这都是物联网需重点研究的内容。

4. 隐私和安全问题

安全因素的考虑会影响物联网的设计，并避免个人数据受到窃听破坏的威胁。除此之外，物联网的发展会改变人们对隐私的理解。在物联网时代，每个人穿戴多种类型的传感器，接入多个网络，一举一动都会被监视。

物联网目前的传感技术主要是 RFID。植入 RFID 芯片的产品有可能被任何人进行感知，它对于产品的所有者而言，可以方便地进行管理。但是，它也存在着一个巨大的问题，即其他人(比如产品的竞争对手)也能进行感知。那么如何做到在感知、传输、应用过程中这些有价值的信息不被别人所用，尤其是不被竞争对手所用呢？这就需要物联网在安全方面得到有效的保障，形成一套强大的安全体系。如何保证数据不被破坏、泄漏和滥用将成为物联网面临的重大挑战。

1.5　物联网应用领域

物联网的应用范围极为广阔，包括农业、物流、交通、电网、医疗、家居等在内的多个领域，如图 1-5 所示。2011 年 11 月，为加快物联网发展，培育和壮大新一代信息技术产业，工信部印发了《物联网"十二五"发展规划》。根据规划，工信部将重点支持智能工业、智能农业、智能物流、智能交通、智能电网、智能环保、智能安防、智能医疗与智能家居九大领域的物联网应用示范工程。

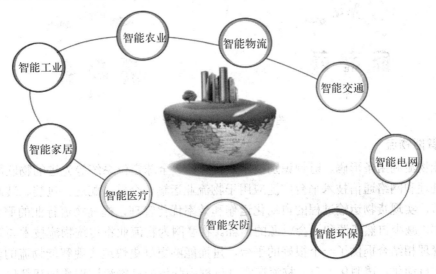

图 1-5　物联网应用领域

1. 智能农业

在农业领域，物联网的应用非常广泛，如地表温度检测、家禽的生活情形、农作物灌溉监视情况、土壤酸碱度变化、降水量、空气、风力、氮浓缩量、土壤的酸碱性和土壤的湿度等，可进行合理的科学估计，为农民在减灾、抗灾、科学种植等方面提供帮助，提高农业综合效益。

智能农业通过生产领域的智能化、经营领域的差异性及服务领域的全方位信息服务，推动农业产业链升级改造，实现农业精细化、高效化和绿色化，保障农产品安全、农业竞争力的提升和农业的可持续发展。其典型应用——粮库信息化建设的架构如图 1-6 所示。粮库信息化建设分为分库、二级中心、一级中心三个层次结构。分库指代一个储粮单位，多个分库受一个二级中心管辖，多个二级中心受一个一级中心管辖。每个分库需实现视频监控、智能作业(自动称重、物流调度、烘干控制、筒仓控制、自动扦样和皮带机控制等)和智能仓储(粮情监测、出入控制、自动门窗、智能通风、智能熏蒸和灾害防控等)。二级中心为所辖各分库提供数据的灾备存储、分布式协同管理和业务层面的决策支撑等。二级中心存储来自所辖各粮库的原始数据及处理后的上报数据。一级中心主要实现对二级中心的协同管理以及与一级中心相关业务的支撑，并且存储所辖各二级中心的上报数据。

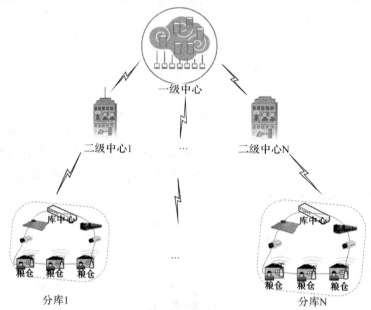

图 1-6　粮库信息化建设图

2. 智能物流

智能物流利用条形码、射频识别技术、传感器、全球定位系统等先进的物联网技术通过信息处理和网络通信技术平台广泛应用于物流业运输、仓储、配送、包装、装卸等基本活动环节，实现货物运输过程的自动化运作和效率优化管理，提高物流行业的服务水平，降低成本，减少自然资源和社会资源的消耗。物联网为物流业将传统物流技术与智能化系统运作管理相结合提供了一个很好的平台，进而能够更好更快地实现智能物流的信息化、智能化、自动化、透明化。智能物流在实施过程中强调的是物流过程数据智慧化、网络协同化和决策智慧化。智能物流在功能上要实现 6 个 "正确"，即正确的货物、正确的数量、正确的地点、正确的质量、正确的时间和正确的价格，在技术上要实现物品识别、地点跟踪、物品溯源、物品监控、实时响应。

智能物流的基本结构如图 1-7 所示，从存储到运送再到控制均实现了智能化，大大节省了人力，提高了物流效率。

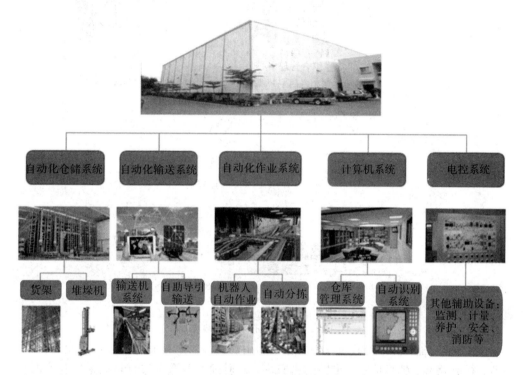

图 1-7 智能物流图

智能物流能大大降低制造业、物流业等行业的成本，实打实地提高企业的利润。生产商、批发商、零售商三方通过智能物流相互协作，信息共享，物流企业便能更节省成本。

3. 智能交通

目前我国的城市交通管理基本采用的是传统人力与交通信号灯相结合的方式，每个驾驶者根据自己的情况选择路线。这导致部分路段极易发生拥堵，而其他部分的道路又得不到充分的利用。

智能交通系统(Intelligent Transportation Systems，ITS)是将先进的传感器技术、通信技术、数据处理技术、网络技术和自动控制技术等有序地结合起来，并运用在整个交通管理体系，中建立一种实时、准确和高效的交通运输综合管理和控制系统。同时，智能交通作为一个非常重要的产业，对整个中国的物联网建设起到了推动作用。智能交通控制与管理系统如图 1-8 所示。通过扫描设备扫描、监控公路上的设备，若监管员发现故障，则立即通知维修员进行维修，并向管理中心报告设备状态，维修员对设备维修完成后，通知监管员进行确认，并报告管理中心，监管员确认设备维修完成，向管理中心报告此次维修结束，如未修好，则管理中心不予确认。

智能交通是面向交通运输领域的服务系统，涉及众多行业领域。智能交通对交通信息进行收集、处理、发布、分析和利用，是社会广泛参与的复杂系统工程。

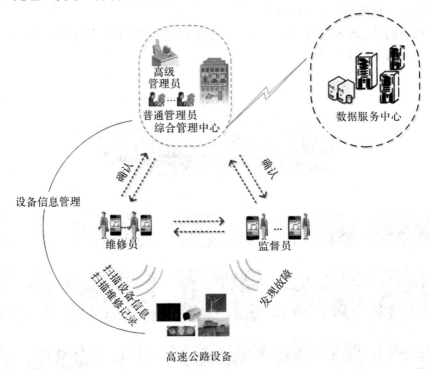

图 1-8　智能交通控制与管理系统

智能交通以图像识别技术为核心，综合利用射频技术、标签等手段，对交通流量、驾驶违章、行驶路线、牌号信息、道路的占有率、驾驶速度等数据进行自动采集和实时传送。相应地系统会对采集到的信息进行汇总分类，并利用识别能力与控制能力进行分析处理，对机动车牌号和其他高档车进行识别、快速处置，为交通事件的检测提供详细数据。该系统的形成会给智能交通领域带来极大的方便。

4. 智能电网

智能电网是以先进的通信技术、传感器技术和信息技术为基础，以电网设备间的信息交互为手段，以实现电网运行的可靠、安全、经济、高效、环保和安全为目的的先进的现代化电力系统。

目前国家电网公司正在全面建设稳定的智能电网，即建设以特高压电网为骨干网架、各级电网协调发展的稳定电网，并实现电网的信息化、数字化、自动化和互动化，在供电安全、可靠和优质的基础上，进一步实现清洁、高效和互动的目标。基于物联网技术而建设的智能电网体系可以实现发电、输电、变电、配电、用电等方面的智能，如图 1-9 所示。智能电网可以综合利用各种智能设备来获取电网和用户的需求，智能化控制能源的存储和使用，并可以实现电网和用户之间、用户和用户之间的能源传递，优化电网的运行和管理。另外，还可以通过用户终端设备的智能化反馈，帮助用户制定合理的电能利用方案，从而提高能源利用效率，帮助用户降低电费。

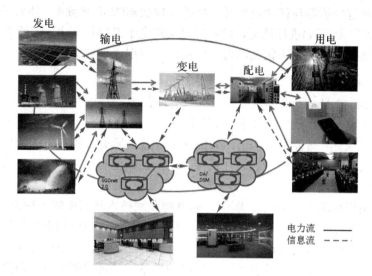

图 1-9   智能电网体系结构示意图

在电力安全检测领域，物联网应用在电力传输的各个环节，如隧道、核电站等，在这些环节中，资金可能会达到千亿元的庞大规模。比如，南方电网与中国移动之间的密切合作，通过 M2M 技术来对电网进行管理，在大客户配变监控等领域下，自动化计量系统开始启动，它使南方电网与中国移动通信的故障评价处理时间减缩为原来的一半。

5. 智能医疗

智能医疗是指通过打造健康档案区域医疗信息平台，利用最先进的物联网技术，实现患者与医务人员、医疗机构、医疗设备之间的互动，逐步达到信息化。在不久的将来，医疗行业将融入更多人工智慧、传感技术等高科技，使医疗服务走向真正意义的智能化，推动医疗事业的快速发展。智能医疗的总体架构如图 1-10 所示。

图 1-10   智能医疗的总体架构

智能医疗通过传感器与移动设备对生物的生理状态(如心跳频率、体力消耗、葡萄糖摄取、血压高低等生命指数)进行捕捉，把它们记录到电子健康档案中，方便个人或医生进行查阅，还能够监控人体的健康状况，再把检测到的数据送到通信终端上。

6. 智能家居

智能家居(Smart Home)又称为智慧家居或智能住宅，是以住宅为平台，安装有智能家居系统的居住环境，既包括单个住宅中的智能家居，也包括在小区中实施的基于智能小区平台的智能家居项目。智能家居构造高效的住宅设施与家庭日程事务的管理系统，让用户有更方便的手段来管理家庭设备，提升了家居安全性、便利性、舒适性和艺术性，并实现了环保节能的居住环境。

智能家居系统如图 1-11 所示。图中，通过物联网技术将家中的各种设备连接到一起，提供家电控制、照明控制等多种功能和服务，不仅具有传统家居的居住功能，还兼备建筑、网络通信、信息家电、设备自动化和全方位信息交互的功能，且节能环保。物联网可实现家庭基础设施的统一控制，支持各类控制的联动场景，并延伸到家庭安防报警、门禁指纹控制等领域，将家庭环境感知与控制、家居安全监控与检测、家人健康监护与交互融为一体，提供了安全、便利、环保和智能的家庭一体化服务。

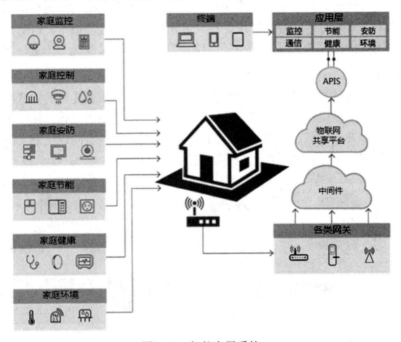

图 1-11　智能家居系统

练习题

说明物联网的基础技术及各层次的功能，并说明物联网行业的发展问题和主要应用领域。

第 2 章　物联网平台

2.1　物联网平台简介

物联网平台是主要面向物联网领域中的个人或者团队开发者、应用提供商、终端设备商、系统集成商、个人/家庭/中小企业用户，提供物联网应用快速开发、应用部署、订购使用、运营管理等方面的一整套集成云服务。物联网平台打破孤立"竖井式"应用架构所形成的"信息孤岛"，为物联网应用提供标准体系架构，并支持多应用业务信息融合和服务共享，实现应用业务间无缝集成与协作。物联网平台拥有以下价值优势。

(1) 强大易扩展的物联网应用支撑平台：能够支持多种类型的感知设备适配接入，兼容现有的各类传输网络，提供灵活的应用服务部署和业务交互共享模式，并可根据用户需求在平台上动态添加新的应用。

(2) 强大的平台开发及运维支撑能力：显著降低物联网业务的应用开发成本、服务运营成本及维护成本，降低物联网准入门槛。

(3) 支持二次开发和快速集成：采用先进、成熟、符合国际标准的软硬件技术，系统采用可扩展的开放式体系结构，能根据技术、业务的发展需要对平台功能进行调整、增加。

(4) 为物联网应用提供坚实的安全保障：物联网共性平台采用多种信息加密手段与安全管理协议保证数据传输的安全性，通过灵活的访问权限模板机制实现对设备、感知信息的可定制化访问权限管理。

物联网平台的赋能能力可以从两个角度看，一是作为数字化终端设备的集中化控制和管理中心，解决设备与设备之间、设备与人之间、设备与应用之间的通信问题；二是对应用屏蔽连接链路和设备的差异化，以满足应用对设备的管理操控需求。

物联网平台在横向的产业领域和纵向的技术深度上不断拓展，通过将物理世界的传感设备借助互联网接入到虚拟的信息空间，开发出普适的资源访问接口以满足不同计算业务场景的需求，实现资源的开放共享。物联网行业内常用的物联网三层架构如图 2-1 所示。

感知层包括采集数据的感知设备和传输数据的短距离传输网络，处于物联网的网络末端，具有全面感知的能力，实时采集物理世界的信息，经简单封装后通过异构网络上传到网络层。网络层将感知层上传的数据进行解析、处理、存储，这一层是感知层和应用层的交互通道，对下管理感知层设备及其产生的数据，屏蔽感知层设备的差异性，对上为应用层开放出统一的资源访问接口，为上层应用提供服务支撑。

Web 网站、手机 App、桌面客户端等都属于应用层，这一层与用户直接交互，将网络层提供的原始数据进行分析和处理，结合具体应用场景根据用户需求开发定制化应用，实现智能化管理和服务。

　　物联网应用的开发和部署完全由第三方开发者完成，开发者不需要关心网络层和感知层的实现原理，只需要面向网络层统一接口开发，专注于物联网应用业务逻辑的实现即可。

图 2-1　物联网三层架构

2.2　国外物联网平台

　　相比于国内，国外的物联网建设要更早，并且已有一些成熟的应用案例。下面介绍国外六大物联网平台。

1. 亚马逊 AWS IoT

　　AWS IoT 是一款托管的云平台，使互联设备可以轻松安全地与云应用程序及其他设备交互。AWS IoT 可支持数十亿台设备和数万亿条消息，并且可以对这些消息进行处理并将其安全可靠地路由至 AWS 终端节点和其他设备。应用程序可以实时跟踪所有设备并与其通信，即使这些设备未处于连接状态。

　　AWS IoT 可以使用 AWS Lambda、Amazon Kinesis、Amazon S3、Amazon Machine Learning、Amazon DynamoDB、Amazon CloudWatch、AWS CloudTrail 和内置 Kibana 集成的 Amazon Elasticsearch Service 等 AWS 服务来构建 IoT 应用程序，以便收集、处理和分析互连设备生成的数据并对其执行操作，且无须管理任何基础设施。AWS IoT 设备 SDK 使用 MQTT、HTTP 或 WebSockets 协议将硬件设备连接到 AWS IoT，硬件设备无缝安全地与 AWS IoT 提供的设备网关和设备影子协作。设备 SDK 支持 C、JavaScript、Arduino、Java 和 Python。图 2-2 所示为 AWS IoT 架构。

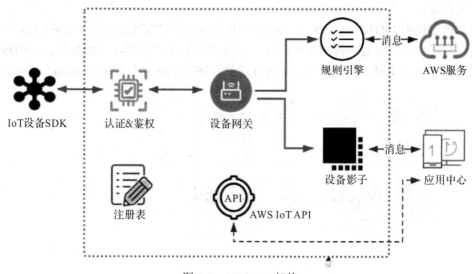

图 2-2　AWS IoT 架构

2. 微软 Azure IoT

微软 Azure IoT 用于连接设备、其他 M2M 资产和人员，以便在业务和操作中更好地利用数据。包含连接 IoT 设备，实时监控两大部分。

Azure IoT 中心是一项完全托管的服务，可在数百万个 IoT 设备和一个解决方案后端之间实现安全可靠的双向通信。提供可靠的设备到云和云到设备的大规模消息传送；使用每个设备的安全凭据和访问控制来实现安全通信；可广泛监视设备连接性和设备标识管理事件；包含最流行语言和平台的设备库。

Azure IoT 中心拥有设备级别的身份验证、设备连接操作监控、丰富的设备库、可扩展的 IoT 协议。支持可扩展高并发的事件处理、基于事件的设备数据处理、可靠的云到设备消息传送，存储并分析文件和缓存的传感器数据。图 2-3 所示为微软 Azure IoT 架构。

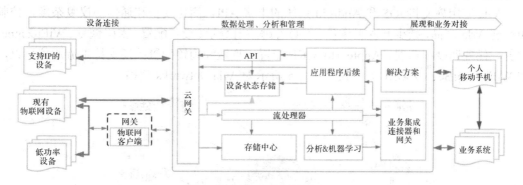

图 2-3　微软 Azure IoT 架构

3. IBM Watson IoT

IBM Watson IoT 提供全面管理的云托管服务，旨在简化并从 IoT 设备中获得价值。平台提供对 IoT 设备和数据的强大应用程序访问，可快速编写分析应用程序、可视化仪表板和移动 IoT 应用程序。以执行强大的设备管理操作，并存储和访问设备数据，连接各种设备和网关设备。

平台通过使用 MQTT 和 TLS 协议，提供与设备之间的安全通信。Watson IoT 平台使应用程序与已连接的设备、传感器和网关进行通信并使用由它们收集的数据。应用程序可以使用实时 API 和 REST API 来与设备进行通信。图 2-4 所示为 IBM Watson IoT 架构。

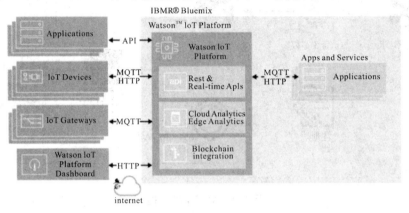

图 2-4   IBM Watson IoT 架构

4. Ayla Networks

Ayla 企业软件解决方案为全球部署互联产品提供强大的工具。Ayla 的 IoT 平台主要包含 3 个重要组成部分：Ayla 嵌入式代理、Ayla 云服务、Ayla 应用库。

Ayla 嵌入式代理运行在 IoT 设备或者网关上，包含经过优化的完整网络协议栈，具有将设备连接至 Ayla 云的能力，开发者使用任何微控制器或操作系统，可在任何网络协议上实现与云端连接的模块。

Ayla 云服务是 IoT 平台的核心，提供对产品网络的管理、控制，以及丰富的商业智能、分析服务和自动化运维，管理用户注册、设备开通、控制和通知、提供日志和分析服务、数据开放 API。

Ayla 应用库支持 iOS 和 Android 系统的丰富 API，简化安全和通信协议复杂度，控制和管理 Ayla 产品，减少开发工作量，不必考虑注册登录、设备配置、密码恢复、WiFi/Zigbee 配置、任务调度和管理、Apple HomeKit 配置、推送和闹铃配置；还支持主流通信协议，如 WiFi、ZigBee、Zwave 等协议。图 2-5 所示为 Ayla Networks 架构。

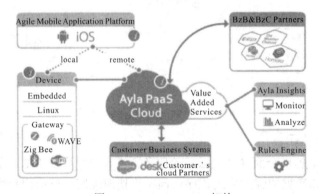

图 2-5   Ayla Networks 架构

5. Exosite Murano

Murano 是一个基于云的 IoT 软件平台,提供安全、可扩展的基础设施,其支持端到端的生态系统,能够帮助客户安全且可扩展地开发及部署和管理应用、服务以及联网产品。Murano 平台简化了整个 IoT 技术栈,可视为集成在一起的多个云软件层。提供 IoT 基础设施、开发环境和功能集成,包括设备连接、产品管理、数据路由、服务集成(如 data store/告警/第三方分析平台)、应用开放 API、用户认证/角色/权限和应用托管。

Murano 允许与第三方软件集成,开发者只需要关注用户应用和设备应用。能够使开发者快速创建整个 IoT 系统,同时保持灵活性,允许添加新功能和自定义功能。图 2-6 所示为 Exosite Murano 架构。

图 2-6　Exosite Murano 架构

6. Electric Imp

Electric Imp 提供硬件、软件、操作系统、安全、API、管理工具和云端服务完全集成的创新型解决方案,能够减少产品上市时间和成本,并具备安全、可扩展和灵活的特性。Electric Imp 助力实现创新性的商业和工业应用,使生产商能够为上百万的用户管理产品和服务并快速扩大其规模。

Electric Imp 平台包括集成了 WiFi 和计算能力的硬件模块 Imp Module、设备操作系统 Imp OS、运行代理(agent)的服务端 Imp Cloud、可扩展 Open API、具有专利的设备配置方案 Blink Up 等。图 2-7 所示为 Electric Imp 架构。

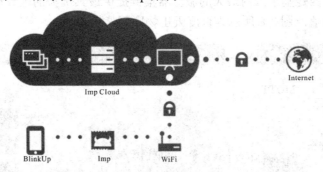

图 2-7　Electric Imp 架构

综合以上对国外各大物联网平台的介绍,针对各大平台的优势、特点等总结以下几点。

(1) 亚马逊 AWS IoT 提供从接入、存储、计算和展现的一体化服务,优势在于亚马逊提供完备的基础设施，用户无须考虑任何其他基础设施存在的问题。

微软 Azure IoT 平台的优势在于数据处理、分析和管理，支持可扩展高并发的事件处理、基于事件的设备数据处理、可靠的云到设备消息传送，存储和分析文件和缓存的传感器数据。

(2) IBM Watson IoT 提供全面管理的云托管服务，凭借 IBM 在硬件基础设施上的优势，IBM Watson IoT 提供强大的数据处理运算能力。

(3) Ayla 提供从设备到云服务至应用的一体化服务，支持任何网络协议与云端连接，云端提供丰富的服务和数据开放 API，应用层集成 iOS 和 Android 系统丰富的 API，减少开发工作量。

(4) Murano 平台简化了整个 IoT 技术栈，可视为集成在一起的多个云软件层，并且 Murano 允许与第三方软件集成，能够使开发者快速创建整个 IoT 系统。

(5) Electric Imp 平台提供了硬件、软件、操作系统、安全、API、管理工具和云端服务完全集成的创新型解决方案，能够使开发者、生产厂商快速构建 IoT 应用场景及服务。

2.3 国内物联网平台

除了前述介绍的国外物联网平台外，国内也有类似的物联网平台。

1. 百度天工智能物联网平台

百度天工智能物联网平台侧重于面向工业制造、能源、物流等行业的产业物联网。百度天工包含了物接入、物解析、物管理、时序数据库，规则引擎五大产品，以千万级设备接入能力、百万数据点每秒的读写性能、超高的压缩率、端到端的安全防护和无缝对接天算智能大数据平台的能力，为客户提供极速、安全、高性价比的智能物联网服务。

凭借百度在人工智能、大数据、云计算、移动服务、安全等领域的优势，百度天工物联网云平台的优势显而易见，一是基于百度云提供从网络到中间件，从计算到存储，从大数据到人工智能的全栈服务；二是遍布国内的自研数据中心，丰富的资源(节点/IDC)，T级带宽接入，提供高扩展性，支撑海量设备快速接入；三是支持 Modbus、BACnet 等各种协议解析与转换；四是基于国内最大的服务器集群提供最具优势的大数据分析能力，具有快速发现数据的价值。图 2-8 所示为百度天工物联网架构。

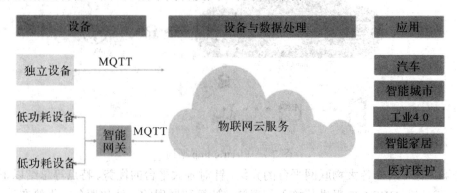

图 2-8　百度天工物联网架构

百度天工物联网分为设备层、数据处理层和应用层。设备接入有两种方式,通过 MQTT 直接接入设备和通过网关连接将组网设备接入,利用物联网云服务对设备数据进行处理,应用场景涉及智能城市、工业控制、智能家庭、医疗医护等。

2. 阿里云物联网套件

阿里云物联网套件是帮助开发者搭建安全且性能强大的数据通道,方便终端(如传感器、执行器、嵌入式设备或智能家电等等)和云端双向通信的一套服务。支持设备端到云端、云端到设备端、设备端与云端异步请求、跨厂商设备互联五大应用场景。

用户可以基于 CCP 协议实现 Pub/Sub 异步通信,也可以使用远程调用(RPC)的通信模式实现设备端与云端的通信。除此之外,用户还可以基于开源协议 MQTT 协议连接阿里云 IoT,实现 Pub/Sub 异步通信。

在安全方面,物联网套件提供多重防护,保障设备云端安全。在性能方面,物联网套件能够支撑亿级设备长连接,百万消息并发。物联网套件还提供了一站式托管服务,从数据采集到计算到存储,用户无须购买服务器部署分布式架构,通过规则引擎只需在 Web 上配置规则即可实现采集、计算、存储等全栈服务。图 2-9 所示为阿里云物联网套件架构。

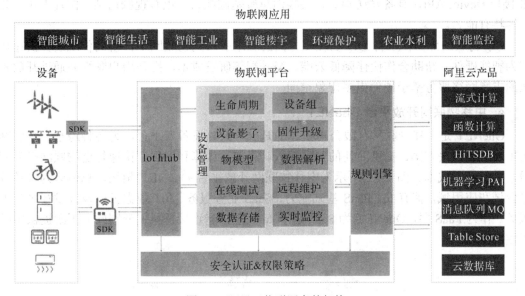

图 2-9 阿里云物联网套件架构

3. QQ 物联

QQ 物联平台致力于将 QQ 账号体系、好友关系链、QQ 消息通道及音视频服务等核心能力提供给可穿戴设备、智能家居、智能车载、传统硬件等领域的合作伙伴,实现用户与设备、设备与设备、设备与服务之间的联动。利用和发挥腾讯 QQ 的亿万手机客户端及云服务的优势,更大范围帮助传统行业实现互联网化,让每一个硬件设备变成用户的 QQ 好友。图 2-10 所示为 QQ 物联架构。平台支持 WiFi 设备、GSM 设备、蓝牙设备的公测接入,对于可独立联网的硬件设备,嵌入 QQ 物联硬件 SDK 或者直接使用 QQ 物联的集成模块后,可直接与 QQ 物联云连接,开发者无须具备独立 App 或者云端的研发能力。

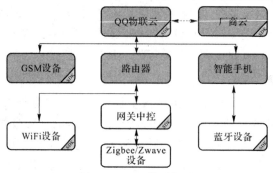

图 2-10　QQ 物联架构

目前 QQ 物联的设备包括五大类：音视频类产品、沟通互动类产品、数据采集类产品以及无线控制类产品。功能从快速接入物联网、App 研发及维护、消息/文件沟通能力等基础能力延展至业务定制云(统计、分析、存储等)、身份识别一体化能力(未上线)等高级能力。QQ 物联以轻 App 的形式呈现。当用户绑定了某款智能设备后，在"我的设备"列表中点击该款设备，进入的第一个界面即为该款设备的轻 App。轻 App 具有用于控制设备的前端 JS 接口 Device API，具备发送消息、接收消息等基础能力，也有视频通话、图片上传、分享等特有能力。

QQ 物联的优势在于将 QQ 在社交方面的应用引入到物联网中，帮助传统硬件快速转型为智能硬件，帮助合作伙伴降低云端、App 端等研发成本，提升用户黏性并通过开放腾讯的丰富网络服务基于硬件更多想象空间。

4. 中移物联网开放平台 OneNET

OneNET 是中移物联网有限公司搭建的开放、共赢设备云平台，为各种跨平台物联网应用、行业解决方案，提供简便的云端接入、存储、计算和展现，快速打造物联网产品应用，降低开发成本。图 2-11 所示为中移物联网开放平台 OneNET 架构，总体分为设备域、平台域和应用域，拥有 IoT PaaS 基础能力、SaaS 业务服务、IoT 数据云以及开发社区几大服务。作为 PaaS 层，OneNET 为 SaaS 层和 IaaS 层搭建连接桥梁，分别向上下游提供中间层核心能力。

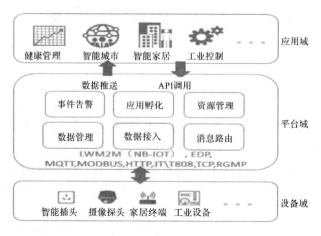

图 2-11　中移物联网开放平台 OneNET 架构

　　中移物联网开放平台拥有流分析、设备云管理、多协议配置、轻应用快速生成、API、在线调试几项功能。接入平台流程为登录注册→创建产品→新增设备→新增数据流→查看数据→新建应用。设备可通过私有协议和标准协议与平台对接。RGMP(Remote Gateway Management Protocol)是平台的私有协议，平台不提供协议报文说明。标准协议包括 HTTP，EDP，MQTT，MODBUS，JT/T808，平台提供每种协议的报文说明文档。

　　中移物联网开放平台 OneNET 优势在于一站式托管，能够支持多种协议智慧解析，提供数据存储和大数据分析功能。

5. 华为 IoT 平台

　　华为 IoT 连接管理平台是面向运营商和企业/行业领域的统一开放云平台。通过开放的 APIs 和独有的 Agent，向上集成多种行业应用，向下接入各种传感器、终端和网关，实现终端的快速接入以及应用的快速集成。华为 IoT 平台现已商业应用于多个运营商和企业，其独特性体现在多种接入方式、强大的开放与集成能力、大数据分析与实时智能、支持全球主流 IoT 标准、应用预继承的解决方案及生态链的构建方面，并以 IoT 平台为核心推出了开放生态环境 Ocean Connect，提供了 170 多种开放 API 和系列化 Agent 加速应用，实现上下游产品的无缝连接，为合作伙伴提供一站式服务。

练习题

　　1. 物联网通常分为哪几层？各层分别起什么作用？

　　2. 物联网平台具有什么优势？

　　3. 国内外各大物联网平台具有的特点和优势是什么？

第3章　微物联共享开放平台

　　近年来，制约物联网广泛应用的瓶颈是缺少一个大平台以打破各个行业应用之间的应用壁垒，主要体现在：① 缺乏统一的传感器节点接入平台，难以适应多样化的通信机制，大量异构的传感器节点组网困难；② 缺乏适用于多源异构数据的大数据存储平台和以数据为中心的大数据处理平台；③ 物联网应用开发部署周期长，且重用性较低；④ 直接控制物理世界使物联网安全受到了重视，物联网的异构性、复杂性等特点使安全保障面临着更大的挑战。

　　本书作者立足于物联网产业，在多项国家科技重大专项、国家自然科学基金重点项发改委信息安全专项以及产业化项目的支持下，针对物联网产业发展面临的核心瓶颈问题，系统地研究了感知接入、感知云、感知应用等物联网共性支撑关键技术，致力于打造物联网感知生态圈，研发的微物联共享开放平台，可以帮助解决物联网应用面临的核心关键问题。

3.1　系　统　概　述

　　微物联共享开放平台(MicroThings OS)是一个"一站式、全托管"智能物联网平台，旨在为具有互联网+产业需求的企业提供企业级的物联网服务，快速实现从设备端到服务端的无缝连接，解决企业数据在线监测和设备在线控制的刚需，高效解决物联网的接入、存储、计算和安全保障等方面的问题，提供物接入、物管理、物可视、规则引擎、数据分析、智能决策、预测性维保等各种物联网服务，帮助企业节省平台开发费用和云服务租赁费用，降低研发成本。该平台同时融合了云计算、大数据等技术，帮助传统企业快速搭建一站式海量设备接入管理平台，挖掘数据潜在价值，以数据驱动产业升级，提高产能，增强产业竞争力，释放工业设备数据潜能，创造新的业务收益和市场机遇。

　　MicroThings OS 从传统的以感知层、网络层、应用层三层体系架构扩展为以感知层、接入层、汇聚层、数据层和应用层为主的新型五层架构，主要包括多域管理中心(IoT-Center)、边缘云计算平台(IoT-Stack)、微物联感知接入平台(IoT-Link)、微物联数据管理平台(IoT-Data)、微物联 API 提供平台(IoT-API)、微物联后台管理平台(IoT-M)、微物联规则引擎平台(IoT-M2M)、微物联安全保障平台(IoT-Sec)共八个平台。

　　MicroThings OS 秉持"1 + 2 + N"设计理念，以一个微物联共享开放平台为基础，拥有公有云和私有云两种部署模式，适用于 N 种行业。

　　MicroThings OS 实现了物联网平台的开放共享，具有兼容性、扩展性和安全性，提高了应用系统开发部署的效率，已应用于智能城市、智能园区、智能港口、智能交通、智能农业等领域，对构建物联网生态系统具有重要的作用。

3.2 系 统 架 构

MicroThings OS 系统架构分为五层，分别为感知层、接入层、汇聚层、数据层和应用层。感知层作为系统的数据来源，包括感知设备产生的感知数据、互联网产生的互联网数据以及信息系统产生的数据等，作上层服务的底层支撑数据；接入层作为物理世界和信息世界的桥梁，将感知层产生的数据传递至互联网中，进而将互联网中的指令传向物理世界，从而达到连接物理世界和信息世界的目的；汇聚层作为物联网中数据处理的中间过程，将海量异构数据根据服务需求转化为不同的形式，最终在信息世界中刻画出与物理世界相对应的影子；数据层作为系统中的服务提供层，将基于感知层产生的数据经过接入和汇聚，提供不同的服务，为应用层提供服务支撑，也是物联网的价值体现；应用层作为物联网的成果，基于数据层提供的服务，开发出各种各样的智能应用服务于用户。系统架构如图 3-1 所示。

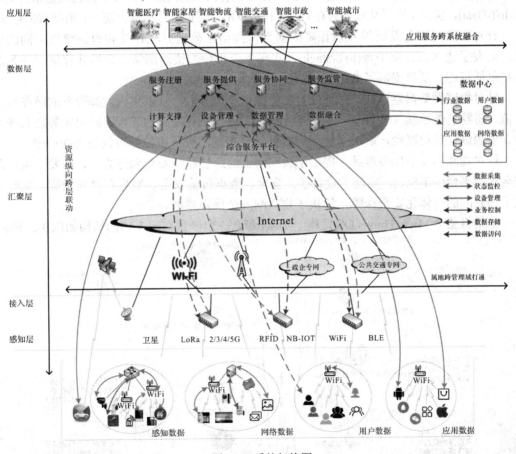

图 3-1 系统架构图

此架构下的微物联平台具有自适应广泛接入、数据分域存储、属地跨管理域打通、资源纵向跨层联动、应用服务跨系统融合等特点。针对这些特点，MicroThings OS 对物联网的架构提出了新的要求。相对于传统的物联网，感知层中的数据源不仅仅来源于传感器数据，而是任何能够产生数据的数据源，如传感器数据、信息系统数据、互联网数据、日志数据等；接入层利用多种接入方式并存的方法，完成了海量异构数据接入；在汇聚层，数据分域存储，属地跨管理域打通，数据协同；在数据层，提供海量智能服务，实现服务协同；应用层承载着应用的快速搭建，并支撑应用的跨域开发。

3.3 系 统 组 成

相对于计算机，物联网对各层提出了新的要求。

针对感知层中多源海量异构设备接入难，在物理世界中建立设备间联系比在信息世界中难等问题，在系统架构的八个平台中研发了微物联感知接入平台(IoT-Link)，实现了多模异构设备接入，多源异构数据接入，实现了多网络协议接入体制，兼容多类型数据，解决了大规模异构物联网设备的组网和数据汇聚问题，进而实现了万物互联。

针对多源数据存储难，海量数据解析、存储、查找难的问题，研发了微物联数据管理平台(IoT-Data)，实现了海量数据实时存储、异构数据混合存储、数据标识统一、数据按需存储。

针对物联网服务及时性难以保障的问题，提出了数据分域存储和数据跨域协同的思想，研发了边缘云计算平台(IoT-Stack)，实现了云平台的快速部署、分布式存储，并为服务提供低延迟，从而提高了数据的使用价值。

针对物联网数据难以共享的问题，由于数据价值分散，难以集成发挥数据的潜在巨大价值，研发了微物联 API 管理平台(IoT-API)，实现了设备跨属地管理、应用服务跨系统融合、资源纵向跨层联动，解决了物联网数据共享难题，进一步挖掘数据的潜在价值。

针对物联网安全保障难题，提出了自底向上的跨层联动安全保障方法，研发了微物联安全保障平台(IoT-Sec)，实现了设备接入安全、数据传输安全、数据存储安全等，从而实现了物联网的一体化安全保障，解决了物联网安全保障难题。

如果将整个 MicroThings OS 比作一个人，那么各个平台对应人体的结构如图 3-2 所示。

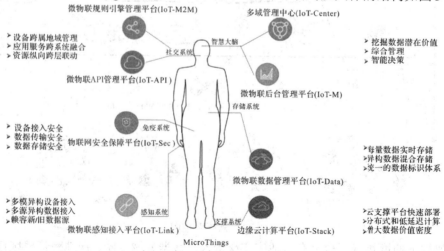

图 3-2　MicroThings OS 组成界面

MicroThings OS 由感知系统、支撑系统、存储系统、免疫系统、社交系统和智慧大脑六部分组成。其中，感知系统包括微物联感知接入平台；支撑系统包括边缘云计算平台；记忆系统包括微物联数据存储平台；免疫系统包括物联网安全保障平台；社交系统包括物联网数据共享平台；智慧大脑包括微物联数据分析平台。下面分别进行介绍。

1. 边缘云计算平台(IoT-Stack)

边缘云计算平台(IoT-Stack)主要为微物联共享开放平台提供虚拟机和云存储服务，是 MicroThings OS 的基础。我们提出了多域协同的云计算资源管理体系架构，实现了计算存储资源的跨域协同管理及数据共享，在满足分布式应用系统基本需求的同时提高了实时性、扩展性及安全性。IoT-Stack 在分布式云架构的基础上进行改进，增加了多域平台总控中心，解决了分布式云平台架构各个子系统之间相互协作困难、多云资源之间协同管理困难等问题。IoT-Stack 针对物联网场景进行特殊优化，通过多域总控中心实现子域资源的协同管理，满足物联网多域场景下的可扩展、高可靠、跨域协同的要求，同时研发了基于移动存储设备(U 盘、SSD、光盘等)的部署方式，将云平台的单机部署时间大大缩短，能够实现 MicroThings OS 的快速部署。IoT-Stack 界面如图 3-3 所示。

图 3-3 边缘云计算平台界面

2. 微物联感知接入平台(IoT-Link)

当前物联网接入面临的主要问题一方面是底层设备的标准不统一，使得异构设备接入难；另一方面是异构设备产商多造成数据格式多样化，使得数据共享难。

针对上述主要问题，我们完成了一套基于 MQTT、HTTP、TCP 等主流物联网协议的微物联感知接入平台(IoT-Link)。IoT-Link 将网关数据解析的工作转移到云端集中处理，支持解析规则软升级，当新类型设备申请接入时只需升级云端代码即可，IoT-Link 利用云端强劲的计算能力和扩展能力可实现对海量设备的自适应接入和对异构数据的实时处理。IoT-Link 可支持 100 万设备每日亿级访问量，支持多种接入机制，通过提供适配来收集、过滤、分析这些数据，解决了大规模异构物联网设备的组网和数据汇聚问题，实现了万物互联。

另外，微物联感知接入平台提出了一种异构多域无线网络接入体系结构和物联网感知设备自适应接入方法。在底层异构设备接入的问题上，我们采用适配中间件进行软适配，而不是对硬件进行更改的硬适配。一方面是因为软适配可以对已经部署的底层设备直接进行复用，降低了部署成本和周期；另一方面，物联网底层异构设备的协议具有多样化特性，要在硬件上兼容所有协议不仅实现起来困难，研发成本高，还不利于后期版本添加和升级设备。适配中间件模块通过配置文件和开放工具包，以驱动形式解决协议适配问题，如果后期有需要添加新的底层异构设备，只需在适配中间件模块中添加相应的协议解析驱动即可，从而不仅降低了成本，还提高了平台的扩展性。

IoT-Link 的功能包括：

(1) 物联网设备接入。通常情况下，传感器不具备直接连接互联网的能力，而是将采集到的数据上传到网关，由网关对数据进行简单处理后通过因特网上传到 IoT-Link。微物联共享开放平台不仅支持合作厂商生产的设备，对于硬件开发者自行研制的设备同样支持。物联网设备接入界面如图 3-4 所示。

请选择新增网关类型　　　　　　　　　　　　　　×

系统网关
这种产品是由西电提供，用户可以在平台上使用这个产品。

自定义网关
这种产品是由硬件开发者自己定义的产品类型，遵循我们提供的协议使用平台。

图 3-4　物联网设备接入界面

(2) 物联网数据解析。物联网设备种类繁多，协议、数据格式不统一，这将导致数据处理难，微物联感知接入平台对各类传感器的数据特征进行分析，抽象出其共性特征，结合自主研发的数据解析算法，可实现多源异构数据的智能解析。物联网数据解析界面如图 3-5 所示。

图 3-5　物联网数据解析界面

(3) 设备可视化。IoT-Link 将每个感知设备在云端映射为一个虚拟的物联网设备，对每个设备提供覆盖整个生命周期的设备维护管理服务，通过可视化的 Web 界面来管理物联网设备，包括设备的层级关系、控制、健康状况等，支持根据管理域、行业域查询动态显示节点状态，从而降低了设备的运维成本。

3. 微物联数据管理平台(IoT-Data)

针对数据类型不一致而导致的异构数据存储问题，我们研发了微物联数据管理平台(IoT-Data)，综合关系型数据库、NoSQL 数据库和云存储的优势，物联网数据具有多源异构的特点，结合物联网数据特征，提出了一种海量物联网数据混合存储体系结构和异构数据分类存储方法，将海量物联网数据进行分类存储、混合存储，存储系统动态伸缩可扩展，结合 IoT-Stack 可实现高并发场景下数据的实时处理和存储。混合存储体系结构具有可扩展性，同时保持了关系型数据存储系统的可操作性、NoSQL 数据库的灵活性、云存储的容错性，异构数据分类存储方法综合考虑多种存储技术的优点，利用分布式缓存、负载均衡等技术，提升了云物联数据存储效率，保证了物联网应用要求的实时性。分布式高速缓存命中率可达 90% 以上，物联网数据存储响应时间降低到毫秒级，比传统方法快 3 倍，能够满足百万级传感设备的接入和存储需求。

针对数据汇聚过程中存在的设备伪造、恶意篡改等问题，提出了基于"Apikey"的物联网设备快速认证及数据存储方法，将设备认证密钥"ApiKey"植入网关的协议适配层，实现了物联网节点的源认证，保证了数据的真实性。

IoT-Data 支持数据可视化管理，每个感知设备产生的数据能够按照用户需求生成报表，不仅可以动态展示实时数据，而且支持历史数据查询，可从宏观上分析数据的变化趋势。IoT-Data 界面如图 3-6 所示。

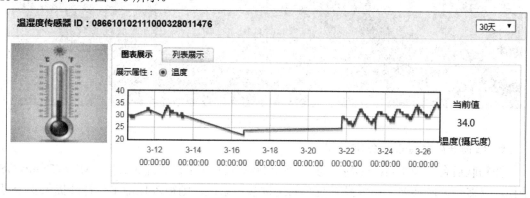

图 3-6　IoT-Data 界面

4. 微物联 API 提供平台(IoT-API)

微物联 API 提供平台(IoT-API)制订了详细的物联网应用开发规范，可对 MicroThings OS 中的所有资源进行统一标识，并具有微信小程序、微信公众号、桌面客户端、手机 App 等一系列开发接口，提供应用开发模板和开发文档，在保证数据访问安全可控的同时实现物联网服务的重用，缩短了物联网应用的开发周期，提高了部署效率。IoT-API 界面如图 3-7 所示。

图 3-7　IoT-API 提供平台

5. 多域管理中心(IoT-Center)

多域管理中心(IoT-Center)是整个微物联共享开放平台的交互枢纽,可以用来验证平台中各元素的合法性,整合所有子域资源,实现整个平台的跨层、跨域、跨行业的资源共享,IoT-Center 界面如图 3-8 所示。

图 3-8　多域管理中心界面

6. 微物联后台管理平台(IoT-M)

微物联后台管理平台(IoT-M)实现对整个微物联共享开放平台的监控。MicroThings OS 子模块众多,分散部署,如果没有统一的运维管理系统,则很难保证平台持续提供安全可靠的服务。IoT-M 支持跨域监控,可实时收集子域系统的运行日志,将杂乱无章的系统运行日志进行统一格式化处理,分析系统的运行状况,当发现入侵时及时处理,提高了整个平台的运维效率。IoT-M 的功能包括:

(1) 可视化运维。IoT-M 一旦发现系统出现异常就会及时推送运维人员,支持短信、微信公众号推送、邮件等多种通知方式,并能够根据问题种类做出智能决策;IoT-M 提供各类线图、表盘、地图等一系列组件,可满足各类数据的展示需要;IoT-M 兼容各种规格的屏幕,支持手机、平板、监控大屏等,它无缝对接系统海量实时数据。可视化运维界面如图 3-9 所示。

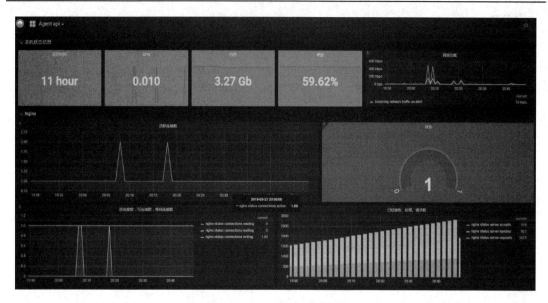

图 3-9　可视化运维界面

(2) 快速定位异常。IoT-M 自动生成整个系统的架构图，当出现异常时快速定位，并在架构图上标红显示，可以帮助运维人员快速定位异常。快速定位异常界面如图 3-10 所示。

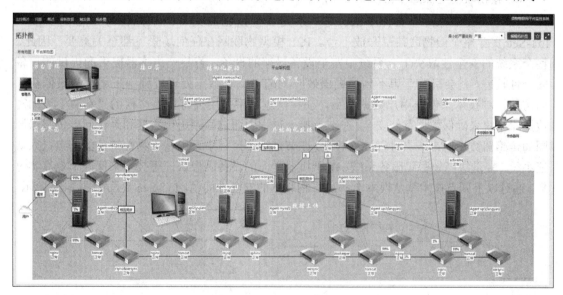

图 3-10　快速定位异常界面

7. 微物联规则引擎平台(IoT-M2M)

微物联规则引擎平台(IoT-M2M)支持灵活定义各种联动规则，用户可以通过 IoT-M2M 设定消息处理方式。当消息与设定规则匹配时，执行相应的操作。规则设置灵活简单，一键启停，并且能够实现智能化决策，可对常见报警信息进行处理。IoT-M2M 界面如图 3-11 所示。

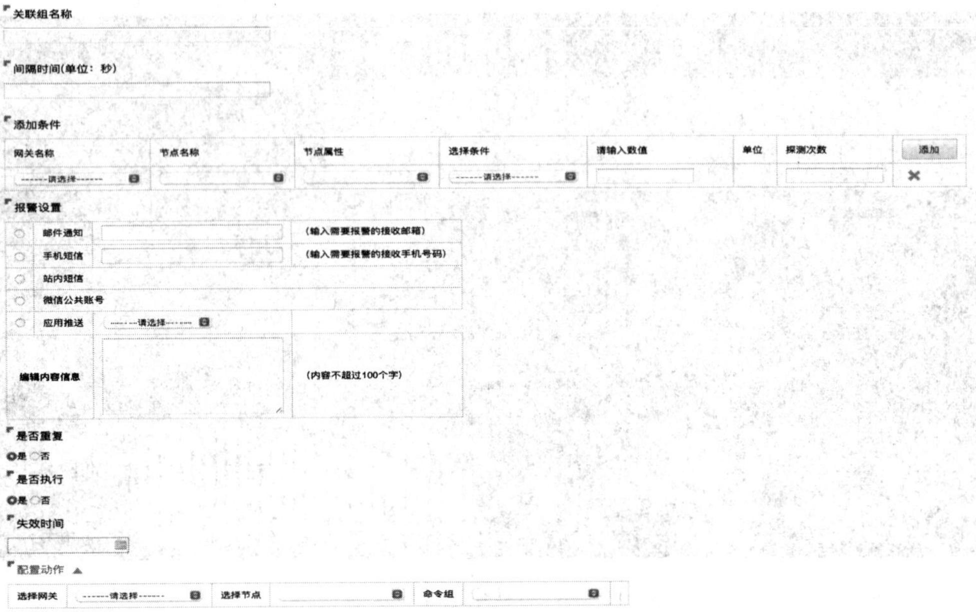

图 3-11　IoT-M2M 界面

8. 微物联安全保障平台(IoT-Sec)

微物联安全保障平台(IoT-Sec)是一系列安全措施的集合，共同保障平台的安全。IoT-Sec 贯穿整个微物联共享开放平台。P2P 模型物联网在任何场景下都至关重要，因此，整个系统的安全性取决于全系统中安全设备最差的设备，若某一传感器提供商提供的设备安全性较差，就会引发意想不到的蝴蝶效应。IoT-Sec 在数据处理过程中采用基于最低权限的访问控制技术来保证用户数据隐私，在存储过程中采用拥有自主产权的"秦盾"云加密数据库系统来确保数据存储安全,在节点接入过程中通过回顾历史数据和确认问题传感器周围的传感器数据对该节点进行二次验证,在节点认证过程中采用基于物性特征的节点接入认证系统、轻量级高效密码服务系统、基于机器学习的设备画像认证等技术来保证节点真实可靠。通过以上四点技术就从根本上解决了物联网的安全性问题。IoT-Sec 界面如图 3-12 所示。

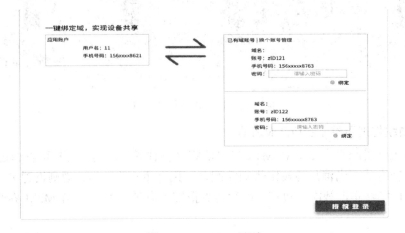

图 3-12　IoT-Sec 界面

3.4 系 统 部 署

MicroThings OS 支持公有云、私有云两种部署方式，整体部署思路如图 3-13 所示。

1种物联网共享平台

云计算中心　　　云存储中心　　　管理平台

2种部署模式

公有云部署　　　私有云部署

N种行业

 ···

智能家居 智能物流　　智能农业 智能城市

图 3-13　MicroThings OS 部署思路

MicroThings OS 秉持的是 1 + 2 + N 的设计理念。

1. 1 个物联网共享平台

物联网共享平台包含云计算中心、云存储中心和管理平台，用于连接管理平台并构建"人管物 + 物管数据 + 数据服务人"的物联网生态。

2. 2 种部署模式

MicroThings OS 支持公有云和私有云两种部署模式，可为不同需求用户灵活定制可裁减平台。

3. N 种行业

MicroThings OS 适用于智能家居、智能物流、智能农业、环境监测、智能城市等多种场景物联网应用。

练习题

1. MicroThings OS 共分为几个模块？试简述每个模块的主要功能。
2. 简述 MicroThings OS 的设计理念。

第 4 章　微物联平台基础实验

4.1　平台基础环境的搭建

本节主要介绍微物联平台部署的底层环境搭建，主要包括 Java 环境安装、Web 容器 Tomcat 的安装和配置、数据库 MySQL 和 MongoDB 的安装和配置、消息队列 ActiveMQ 的安装和配置、分布式缓存 Memcached 的安装和配置，所使用服务器的操作系统为 CentOS7 桌面版。

4.1.1　搭建 Java 环境

微物联平台主要使用 Java 语言开发，在部署平台项目代码之前需要在服务器上安装 Java 环境。Java 环境的主要安装步骤如下所述。

1. 下载 Java 安装包

下载地址：

https://www.oracle.com/technetwork/java/javase/downloads/java-archive-downloads-javase7-521261.html

说明：平台使用的 JDK 版本为 1.7。

2. 安装

将下载的 Java 安装包拷贝到目标服务器/usr/local 目录下，然后进行解压操作，具体命令如下：

```
$tar –xzvf jdk-7u80-linux-x64.tar.gz
```

说明：安装包名称可根据实际情况进行修改。

为方便后续命令操作，建立一个软连接，具体命令为

```
$ln –s jdk1.7.0_80 java7
```

说明：文件名称可根据实际情况进行修改。

3. 配置环境变量

编辑目标服务器的/etc/profile 文件，操作命令如下：

```
$vim /etc/profile
```

在 profile 文件中添加如下内容：

```
JAVA_HOME=/usr/local/java7
JRE_HOME=$JAVA_HOME/jre
PATH=$PATH:$JAVA_HOME/bin:$JRE_HOME/bin
```

```
CLASSPATH=.:$JAVA_HOME/lib/dt.jar:$JAVA_HOME/lib/tools.jar:$JRE_HOME/lib
export JAVA_HOME JRE_HOME PATH CLASSPATH
```

4. 验证安装

完成步骤 1、2 和 3 后，服务器的 Java 环境搭建完成，在服务器的控制台执行如下命令：

```
$java -version
```

控制台显示内容如下：

```
java version "1.7.0_80"
Java(TM) SE Runtime Environment (build 1.7.0_80-b15)
Java HotSpot(TM) 64-Bit Server VM (build 24.80-b11, mixed mode)
```

说明已正确安装 Java 环境。

4.1.2　安装 Tomcat

微物联平台各个模块采用 Apache 的开源软件 Tomcat 作为服务发布容器，本节主要介绍 Tomcat 的安装流程。

1. 下载 Tomcat 软件安装包

下载地址：https://tomcat.apache.org。

说明：下载的 Tomcat 版本号为 7.0.68。

2. 进行安装

将下载的 Tomcat 安装包拷贝到目标服务器/usr/local 目录下，并进行解压操作，解压操作命令如下：

```
$tar –xzvf apache-tomcat-7.0.68.tar.gz
```

说明：安装包名称根据实际情况进行修改。

为方便后续操作，对 Tomcat 文件建立软连接，具体命令如下：

```
$ln –s apache-tomat-7.0.68 tomcat7
```

3. 设置开机自启

Tomcat 作为平台项目的发布容器，通常是处于运行状态的,但为了防止服务器的关机，需要将 Tomcat 服务配置成开机自启，具体操作如下所述。

(1) 在目标服务器新建 tomcat.service 文件，命令如下：

```
$vim /lib/systemd/system/tomcat.service
```

(2) 在 tomcat.service 中添加如下内容：

```
[Unit]
Description=tomcat
After=network.target

[Service]
Type=oneshot
ExecStart=/usr/local/tomcat7/bin/startup.sh //实际的 tomcat 安装目录
```

```
ExecStop=/usr/local/tomcat7/bin/shutdown.sh
ExecReload=/bin/kill -s HUP $MAINPID
RemainAfterExit=yes

[Install]
WantedBy=multi-user.target
```

(3) 启动 Tomcat：

```
$systemctl start tomcat
$systemctl enable tomcat
```

用浏览器访问目标服务器的 8080 端口，出现 Tomcat 默认页面则表明已正确安装 Tomcat。

对于 Tomcat 的其他配置(如服务端口修改、项目发布目录等)，可以在 Tomcat 的 server.xml 文件中进行修改。

4.1.3　搭建数据库

1．安装 MySQL

微物联平台使用 MySQL 存储结构化数据，如用户基本信息、节点基本信息、用户与节点间的关系等，MySQL 的具体安装步骤如下所述。

(1) 安装 MySQL：

```
$yum install mariadb-server mariadbmariadb-devel
```

说明：yum 源根据目标服务器情况进行修改(可配置成阿里云 yum 等)。

(2) 启动 MySQL：

```
$systemctl start mariadb
```

(3) 设置密码。在控制台输入命令进入 MySQL 管理页面，具体命令如下：

```
$mysql –u -root
```

在 MySQL 管理页面设置密码，代码如下：

```
mysql>use mysql
mysql>update user set password=PASSWORD('password') where user='root';
```

说明：其中'password'修改为具体要设置的密码。

(4) 设置 MySQL 的访问权限。默认情况下 MySQL 只允许在当前服务对其进行访问，而在分布式系统中存在跨主机的网络访问 MySQL 数据库的需求，所以需要修改 MySQL 的访问权限，使其支持远程网络访问。具体代码如下：

```
$mysql –u root –p password
mysql>use mysql
mysql>update user set host='%' where host='localhost'
```

(5) 添加同步共享用户。代码如下：

```
$mysql –u root –p password
mysql>insert into mysql.user(Host,User,Password) values("%","admin",password("password"));
```

(6) 配置及优化。修改/etc/my.cnf 文件，添加如下内容：

```
[mysqld]
#MySQL 服务器的编码
character_set_server=utf8
#MySQL 服务器的编码集
collation-server = utf8_general_ci

#优化,把以下这些参数写到[mysqld]下
log-bin=mysql-bin
binlog_format=mixed
default-storage-engine=InnoDB
skip-name-resolve
max_connections = 1500
key_buffer_size = 512M
max_allowed_packet = 16M
table_open_cache = 2048
binlog_cache_size = 1M
expire_logs_days = 10
read_buffer_size = 2M
sort_buffer_size = 4M
read_rnd_buffer_size = 8M
join_buffer_size = 4M
max_heap_table_size = 32M
thread_stack = 192K
thread_cache_size = 128
query_cache_size = 32M
query_cache_limit = 2M
max_heap_table_size = 32M
tmp_table_size = 64M
thread_concurrency = 8
innodb_data_home_dir = /var/lib/mysql
innodb_additional_mem_pool_size = 512M
innodb_buffer_pool_size = 1G
innodb_data_file_path = ibdata1:10M:autoextend
innodb_file_io_threads = 4
innodb_thread_concurrency = 32
innodb_flush_log_at_trx_commit = 2
innodb_log_group_home_dir = /var/lib/mysql
innodb_log_buffer_size = 8M
innodb_log_file_size = 10M
```

```
innodb_log_files_in_group = 2
innodb_max_dirty_pages_pct = 90
innodb_lock_wait_timeout = 120


[client]
default-character-set=utf8
```

2. 安装 MongoDB

微物联平台使用 MongoDB 存储非结构化数据(主要为设备节点采集的数据)，MongoDB 安装步骤如下所述。

(1) 创建 mongodb.repo 文件。在/etc/yum.repos.d/目录下创建文件 mongodb.repo，该文件包含 MongoDB 仓库的配置信息，具体内容如下：

```
[mongodb]
name=MongoDB Repository
baseurl=http://downloads-distro.mongodb.org/repo/redhat/os/x86_64/
gpgcheck=0
enabled=1
```

(2) 执行安装命令：

```
$sudo yum install mongodb-org
```

(3) 启动 MongoDB，代码如下：

```
$sudosystemctl start mongod
```

(4) 设置开机自启动，代码如下：

```
$sudo /sbin/chkconfigmongod on
```

(5) 设置数据库结构。在控制台输入如下命令，进入 MongoDB 管理页面：

```
$mongo
```

在 MongoDB 管理界面设置数据库用户名和密码，并设置权限。具体代码如下：

```
use admin
db.addUser("root","password")
db.auth("root", "password")
```

在数据库中添加 iotdata 数据集合(iotdata 是微物联平台使用的数据集合名)，在 MongoDB 管理页面，具体代码如下：

```
iotdata
use iotdata
db.addUser("iot","password")
db.auth("iot","password")
```

说明：其中密码根据实际情况进行修改。

(6) 创建索引。创建索引的具体代码如下：

```
useiotdata
db.nodedata.ensureIndex({"sceneSn":1,"nodeSn":1,"at":1})
```

```
db.nodedata.getIndexes()
```

(7) 重启 MongoDB。重启 MongoDB 数据库，代码如下：

```
$systemctl restart mongod
```

4.1.4　安装 ActiveMQ

消息队列中间件在分布式系统具有削峰填谷功能，可以将同步请求转化为异步请求，实现平台各功能模块的低耦合。微物联平台使用 ActiveMQ 作为消息队列中间件，ActiveMQ 安装流程如下。

(1) 下载 ActiveMQ 安装包。

下载地址：http://activemq.apache.org/activemq-590-release.html。

说明：微物联平台使用的 ActiveMQ 版本为 5.9。

(2) 安装 ActiveMQ。

将 ActiveMQ 安装包拷贝到目标服务器/usr/local 目录下，并进行解压缩操作：

```
$tar –xzvf apache-activemq-5.9.0-bin.tar.gz
```

为后续操作方便，为文件夹建立软连接：

```
$ln -s apache-activemq-5.9.0 activemq
```

(3) 设置开机自启。

进入/etc/init.d 目录，创建 activemq 文件，并添加如下内容：

```
#!/bin/sh
export JAVA_HOME=/usr/local/java7/      # JavaHome
export ACTIVEMQ_HOME=/usr/local/activemq/    # activemq 安装目录
case $1 in
   start)
   sh $ACTIVEMQ_HOME/bin/activemq start
      ;;
   stop)
   sh $ACTIVEMQ_HOME/bin/activemq stop
      ;;
      status)
   sh $ACTIVEMQ_HOME/bin/activemq status
      ;;
      restart)
   sh $ACTIVEMQ_HOME/bin/activemq stop
         sleep 1
   sh $ACTIVEMQ_HOME/bin/activemq start
      ;;
esac
exit 0
```

给 activemq 文件添加可执行权限，操作命令如下：

```
$chmoda+x /etc/init.d/activemq
```

添加服务并设置开机自启：

```
$chkconfig –add activemq
$chkconfigactivemq on
```

(4) 启动 ActiveMQ：

```
$service activemq start
```

(5) 配置 JASS 身份验证。

进入 ActiveMQ 配置目录，具体代码如下：

```
$cd /usr/local/apache-activemq/conf/
```

编辑该目录下的 activemq.xml 文件，具体修改如下：

```xml
<broker>
<!--在这里添加如下内容-->
<plugins>
<!--以下采用的是 JAAS 的管理机制来配置各种角色的权限-->
<jaasAuthenticationPlugin configuration="activemq-domain" />
<authorizationPlugin>
<map>
<authorizationMap>
<authorizationEntries>
<!--表示通配符,例如 USERS.>表示以 USERS.开头的主题,>表>示所有主题,read 表示读的权限,
write 表示写的权限，admin 表示角色组-->
<authorizationEntry topic=">" read="admins" write="admins" admin="admins" />
<authorizationEntry topic="Application.push.>" read="admins,users" write="admins" admin="admins,
users" />
<authorizationEntry topic="ActiveMQ.Advisory.>" read="admins,users" write="admins,users" admin
="admins,users" />
</authorizationEntries>
</authorizationMap>
</map>
</authorizationPlugin>
</plugins>
<transportConnectors>
</transportConnectors>
</broker>
```

4.1.5　安装 Memcached

微物联平台采用 Memcached 作为平台的分布式数据缓存中间件，加快常用查询的速

度，Memcached 安装步骤如下：

(1) 安装 Memcached：

```
$sudo yum install –y memcached
```

(2) 启动 Memcached：

```
$sudosystemctl start memcached
```

(3) 加入启动项：

```
$sudosystemctl enable memcached
```

(4) 配置 Memcached。

打开文件/etc/sysconfig/memcached，根据目标服务器的内存情况修改 cachesize 值。

4.2　简化版平台的搭建

本节首先介绍简化版微物联平台的整体架构，并对第一节安装的各类软件功能作用进行说明，最后对平台各个模块具体部署操作进行详细介绍，包括数据汇聚模块、数据存储模块、接口服务模块和数据展示模块。

4.2.1　简化版平台的整体架构

微物联平台采用松耦合模块化的设计，各个模块之间通过远程调用的方式进行交互。这种设计使得微物联平台具有很好的伸缩性，不仅可以采用服务器集群方式部署，也可以使用单台服务器进行部署。简化后的微物联平台各模块之间的调用关系如图 4-1 所示。

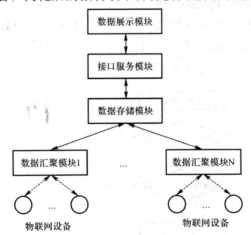

图 4-1　微物联平台模块之间的调用关系

1. 数据汇聚模块

数据汇聚模块主要负责感知层物联网传感器的接入，该模块需要针对物联网传感器的类型进行定制化地开发软件。通过该模块将物联网传感器的各类通信协议和数据封装格式进行解析，再重新封装成平台统一的物联网传感器数据格式，然后发送至数据存储模块。基本工作流程图如图 4-2 所示。

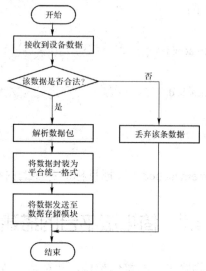

图 4-2　数据汇聚模块流程图

从流程图 4-2 中可以看出，数据汇聚模块是平台中与物联网传感器直接通信的模块，需要开发者根据传感器特点编写相应的程序代码。对于底层设备使用的应用层协议有 MQTT、CoAP、HTTP 等，这些协议可以搭建对应的服务器对数据进行处理。另外，对于一些设备生产厂商自定义的应用层协议，则需要根据设备生产厂商提供的设备数据格式定义进行处理。

2. 数据存储模块

数据存储模块提供数据存储接口(接口格式定义参考《中间件数据传输格式文档》)，其他模块可以调用该接口向其发送数据，数据存储模块接收到数据后对其进行一系列验证，之后将数据存储到 MongoDB 数据库中。基本流程图如图 4-3 所示。

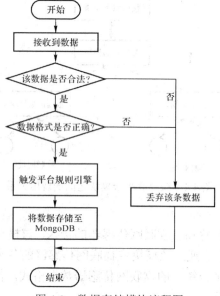

图 4-3　数据存储模块流程图

数据汇聚模块按平台标准说明对传感器采集的数据进行封装，然后调用数据存储模块提供的接口。数据存储模块接收到数据后，首先验证数据是否合法，若合法，则进一步验证数据格式是否是按照平台标准封装；若格式正确，将触发平台规则引擎。平台规则引擎是由用户进行设置，用户可以针对某个设备设置触发规则，如对温度传感器设置温度超过40℃时将消息推送至消息队列，最后数据存储模块将数据存储至 MongoDB 数据库。

3. 接口服务模块

接口服务模块是平台对外提供服务的主要模块，物联网应用开发者通过该模块可以获得传感器实时数据、传感器历史数据以及向传感器发送命令等，具体所提供的服务接口可参考《物联网平台应用接口文档》。接口服务模块主要基于 MySQL 数据库和 MongoDB 数据库开发，通过 MySQL 实现对平台用户、平台设备等关系型实体的管理功能，通过 MongoDB 实现对平台传感器数据半结构化数据的管理功能。调用该模块的基本工作流程如图 4-4 所示。

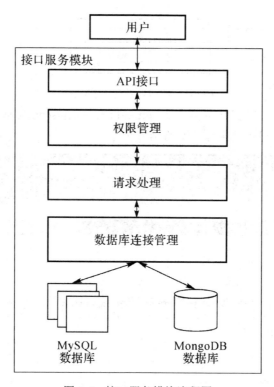

图 4-4　接口服务模块流程图

数据存储模块接收到用户的请求，对请求进行权限验证，验证通过则对请求进行处理，请求处理调取 MySQL 和 MongoDB 数据库中的数据。处理完成后，将处理结果返回给用户。

4. 数据展示模块

数据展示模块是微物联平台对外可视化展示数据的重要模块，物联网开发者可以利用该模块调试接入设备，并测试设备是否正常工作。该模块通过调用接口服务模块提供的服务进行视图展示，具体流程如图 4-5 所示。

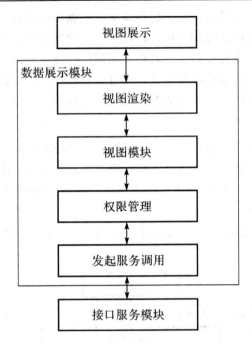

图 4-5　数据展示模块示意图

平台用户登录后，可以在其主页(网址 iot.xidian.edu.cn/scene/use.do)看到其拥有的物联网传感器采集的数据的可视化展示，如图 4-6 所示。

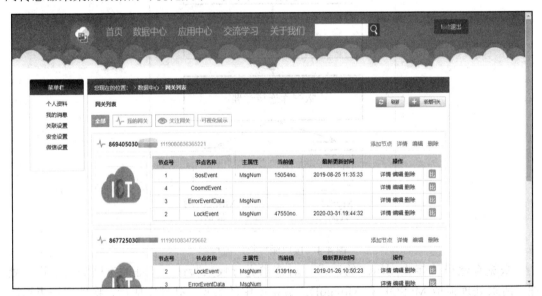

图 4-6　数据可视化展示

4.2.2　数据汇聚模块实验

数据汇聚模块需要根据所接入的设备进行定制的开发，接下来使用一款空气质量监测设备进行该模块开发的说明。该款空气质量监测设备采用 TCP 协议作为传输层的网络通信协议，应用层协议使用的是设备生产厂商自定义的格式。在功能上，设备具有监测空气温度、湿度、PM1.0、PM2.5、PM10 和甲醛的功能，并通过连接 WiFi 将采集到的数据发送到后台服务器。具体如图4-7 所示。

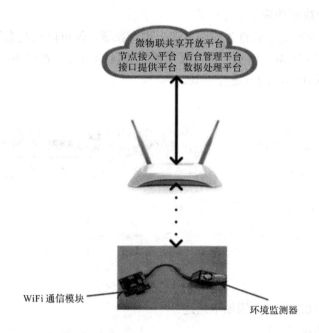

图 4-7　数据汇聚模块实验实例

1. 数据汇聚模块的开发

对所接入的物联网传感器设备有基本了解之后，就可以针对该设备开发数据汇聚模块了。

1) 开发者在平台注册

若当前开发者还没有在平台进行注册，则需要在平台进行注册。注册完成后，平台会给开发者分配一个开发者 Key。

2) 在平台注册设备信息

平台考虑到物联网节点的接入安全，每个节点进行上传数据时都必须携带自己的身份验证信息。首先物联网节点在平台进行注册，平台验证节点信息的合法性，若合法则将该节点添加到平台；否则提示错误信息。具体注册过程可以参考附录 2 Micro Things OS 实验平台使用指南。

3) 搭建 TCP 服务器

由于本次接入的设备采用的是 TCP 协议，所以需要搭建 TCP 服务器。TCP 的搭建方式有多种，这里不做过多介绍。

4) 解析设备数据

将设备连接的服务器 IP 和端口配置成所搭建 TCP 服务器的 IP 和对外服务端口之后，在服务器就可以接收到设备上传的数据了，再根据设备数据格式说明对接收到的数据进行解析。

5) 将数据重新封装并发送至数据存储模块

数据汇聚模块将传感器数据解析好之后，再按照数据存储模块对外接口说明将数据进行重新封装，最后将封装好的数据发送至数据存储模块。

2. 数据展示模块的功能

数据汇聚模块编写完成后将其在服务器上进行部署，就可以在数据展示模块查看传感器上传的数据了，如图 4-8 所示。空气质量监测设备的数据汇聚模块代码可在 iot.xidian.edu.cn/download/middleware.zip 进行下载。

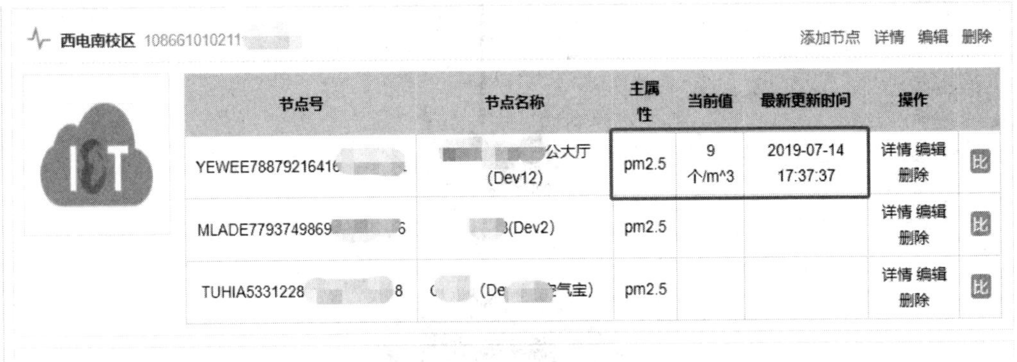

图 4-8　数据展示模块

该模块的主要功能代码介绍如下所述。

1) 设备激活处理

设备激活部分代码，依照设备命令说明，对其只执行相应的反馈，具体代码如下：

```
if (strMessage.contains("activate")) {
        //解析物联网数据
        String nonce = JsonUtil.getJson(strMessage, "nonce");
        String token = JsonUtil.getJson(strMessage, "token");
        String devkey = JsonUtil.getJson(strMessage, "devkey");
        //响应节点信息
        SimpleDateFormat df = new SimpleDateFormat(
                "yyyy-MM-dd HH:mm:ss");
        String datetime = df.format(new Date());
        response = "{\"nonce\": " + nonce + ",\"token\": " + token
                + ",\"devkey\": " + devkey
                + ",\"activate status\": 1,\"datetime\": \"" + datetime
                + "\"}";
        //响应节点
        session.write(response);
    }
```

2) 设备认证

设备认证部分代码，依照设备命令说明，对其只执行相应的反馈，具体代码如下：

```
if (strMessage.contains("identify")) {
        //解析物联网节点数据
        String nonceStr = JsonUtil.getJson(strMessage, "nonce");
            String tokenStr = JsonUtil.getJson(strMessage, "token");
            String devkeyStr = JsonUtil.getJson(strMessage, "devkey");
            String bssidStr = JsonUtil.getJson(strMessage, "bssid");
            String token = tokenStr.substring(1, tokenStr.length() - 1);
            String devkey = devkeyStr.substring(1, devkeyStr.length() - 1);
            String bssid = bssidStr.substring(1, bssidStr.length() - 1);
            //保存该连接的 session
            sessionMap.addSession(devkey, session);
            //保存物联网节点的身份信息
            tokenDao.save(token, bssid, devkey);
        }
```

3) 设备数据上传

设备数据上传部分代码，依照设备命令说明，对其只执行相应的反馈，具体代码如下：

```
if (strMessage.contains("ping")) {
    // 解析出节点上传的信息
    String nonceStr = JsonUtil.getJson(strMessage, "nonce");
    String tokenStr = JsonUtil.getJson(strMessage, "token");
    String devkeyStr = JsonUtil.getJson(strMessage, "devkey");
    String bssidStr = JsonUtil.getJson(strMessage, "bssid");
    String devkey = devkeyStr.substring(1, devkeyStr.length() - 1);
    // 根据设备 devkey 获得设备所在的场景号
    sceneId = tokenDao.getNodeSceneInfo(devkey);
    // 根据 devkey 获得用户在平台的开发者 key
    String userDevKey = tokenDao.getNodeDevKey(devkey);
    // 平台中没有注册过该节点，则断开连接
    if (null == sceneId || sceneId.isEmpty() || null == userDevKey|| userDevKey.isEmpty()) {
        session.close(true);
        return; }
    // 获取节点的数据部分字段
    HashMap<String, String>finalDataMap = JsonUtil.toObject(
    JsonUtil.getJson(strMessage,"datapoint"),HashMap.class);
    HashMap<String, Object>finalDataAndTagMap = new HashMap<String, Object>();
    // 加上节点的设备 id
    finalDataAndTagMap.put("sn", devkey);
    // 把 map 的 value 转为 String 类型
```

```
        for (String key :finalDataMap.keySet()) {
            finalDataAndTagMap.put(key,
            String.valueOf(finalDataMap.get(key)));
        }
        // 加上节点的时间戳
        finalDataAndTagMap.put("at", System.currentTimeMillis());
        String finalDataStr = JsonUtil.toJson(finalDataAndTagMap);
        // 进行上传处理
        updatasFromTcp(sceneId, finalDataStr, userDevKey);
    }
```

4.2.3　数据存储模块实验

在 4.2.1 节介绍了简化版平台的整体架构，数据存储模块主要功能是对外提供一个数据存储接口，数据汇聚模块通过调用该接口将传感器数据存储至数据库中。从代码开发角度来看，开发数据存储模块需要一个 HTTP 接口，连接 MySQL 数据库和 MongoDB 数据库，并能对各数据库进行操作。

数据存储模块开发使用的语言是 Java，使用 SpringMVC 框架，主要功能代码介绍如下所述。

1. 验证数据合法性

验证场景是否存在的代码如下：

```
public Scene onlySceneExistPass(String    sceneId) {
//查询数据库，根据 sceneId 查询
return sceneDao.isExistScene(sceneId);
}
```

验证 ApiKey 是否合法的代码如下：

```
public booleanonlySceneKeyPass(Scene scene,StringapiKey) {
        int userId = scene.getUserId();
        int sceneId = scene.getSid();
    // 验证网关 key
UserKeysceneKey = userKeyDao.getUserKey(new UserKey(userId, sceneId));
        if (StringUtils.equals(apiKey, sceneKey == null ? null : sceneKey.getKeyValue())) {
            return true;
        }
    // 验证没通过
        return false;
}
```

2. 存储数据

将数据存储在 MongoDB 数据库中，并将实时数据推向 MQ 消息队列。

```
public void saveData(HttpServletRequestrequest,StringsceneId) throws Exception {
String jsonData = getJsonData(request);
String datasStream = getAndSetDatastreams(jsonData);
List<NodeData>dataList = conversionNodeData(datasStream,sceneId);
nodeDataDao.addNodeDataList(dataList);
//将数据推向 mq 消息队列上
for(NodeData temp : dataList) {
activeMqClient.sendMessage(temp.getSceneSn() + "." +temp.getNodeSn(), JsonUtil.toJson(
temp.getData()));
        }
    }
```

通过本次实验，使得开发者初步了解物联网数据存储的整个过程，并能实现简单的数据验证、数据存储、消息推送等模块，对物联网数据存储的理解有了一个新的认识，为后续的物联网实验打下基础，该模块代码可在 iot.xidian.edu.cn/download/data.zip 进行下载。

4.2.4 接口服务模块实验

接口服务模块是整个平台对外提供服务的重要途径，物联网开发者通过调用该模块提供的接口可以实现对物联网传感器的管理。开发该模块所使用的语言为 Java，采用 SpringMVC 框架，对外服务的接口使用 HTTP(S)协议。该模块的代码可在 iot.xidian.edu.cn/download/api.zip 下载。

1. 导入 Maven 项目

目录结构如图 4-9 所示。

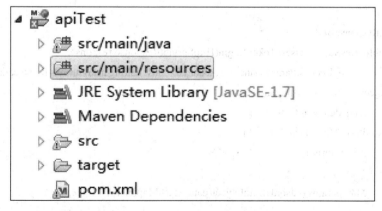

图 4-9 导入 Maven 项目的目录结构

2. 示例接口代码说明

(1) 在 src/main/java 创建 com.iot.apiTest.controller 包，并在 package 包下创建 User Controller 类，如图 4-10 所示。

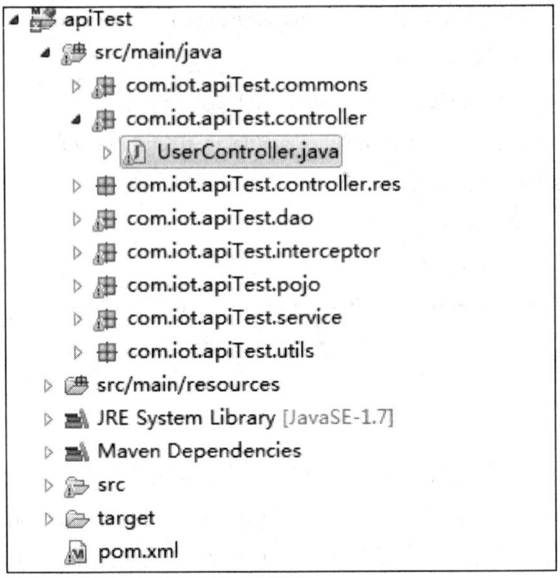

图 4-10　创建 UserController 类的目录结构

UserController 代码如下：

```
/**
 * 用户登录 controller 层编写
 *
 */
@Controller
@RequestMapping("/user")
public class UserController   {
@RequestMapping(method = { RequestMethod.POST, RequestMethod.GET }, value = "/assessToken
Login")
    @ResponseBody
    public ResSubjectassessTokenLogin(HttpServletResponse response,
            @RequestParam(value = "", required = false) String data) throws IOException, Exception {
ResSubjectrs = new ResSubject();
if(data==null || data.length()==0 ){
rs.setResult(-1, "登录名不能为空");
            return rs;
        }
        Map params = JsonUtil.toObject(data, HashMap.class);

        if (params.get("nm") == null || params.get("nm").toString() == "") {
rs.setResult(-1, "登录名不能为空");
            return rs;
        } else if (params.get("pwd") == null || params.get("pwd").toString() == "") {
```

```
            rs.setResult(-2, "密码不能为空");
            return rs;
        }
        //返回 assessToken 和过期时间
rs = userService.assessTokenLogin(params);
        return rs;
    }
}
```

(2) 在 src/main/java 创建 com.iot.apiTest.service 包，并在 package 包下创建 UserService 类，如图 4-11 所示。

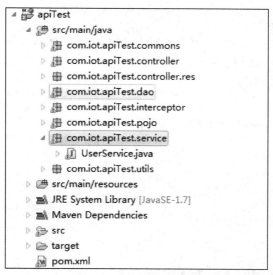

图 4-11　创建 UserService 类的目录结构

UserService 代码如下：

```
/**
 * 用户登录 service 层代码逻辑编写
 *
 */
@Service
public class UserService {
@Autowired
UserDaouserDao;
/**
    * 基于用户名、密码的授权
    *
    * @param hashmap
    * @return
    */
```

```
        public ResSubjectassessTokenLogin(Map hashmap) {
ResSubjectrs = new ResSubject();
        User user = null;
        // 登录名验证
        String nm = (String) hashmap.get("nm");
        user = userDao.getUser((String) hashmap.get("nm"));
        if (user == null) {
rs.setResult(-4, "登录名不存在");
            return rs;
        }
        // 密码验证
        if (!user.getPassword().equals(ApiTestUtil.encodePassword((String) hashmap.get("pwd")))) ) {
rs.setResult(-5, "登录密码错误");
            return rs;
        }
            return getAccessToken(rs, user);
    }
    /**
    * @param rs
    * @param user
    * @return
    */
    private ResSubjectgetAccessToken(ResSubjectrs, User user) {
        //获取用户登录授权信息
        UserAuthuserAuth = this.userDao.getUserAuth(user.getUserId());
        //如果是空，即第一次登录，则重新生成
        if (userAuth == null) {
            long systime = System.currentTimeMillis();
            long userId = user.getUserId();
            String accessToken = ApiTestUtil.encodePassword(userId + "$$" + systime);
userAuth = new UserAuth();
userAuth.setUserId(userId);
userAuth.setAccessToken(accessToken);
                //设置过期的秒数
                Calendar calendar = Calendar.getInstance();
calendar.setTime(new Date());
calendar.add(Calendar.DATE, Integer.parseInt(ApiConstants.USER_OAUTH_EXPIRES_DAYS));
                Date myDate = calendar.getTime();
userAuth.setExpires(myDate);
```

```
userAuth.setExpiresDays(Integer.parseInt(ApiConstants.USER_OAUTH_EXPIRES_DAYS));
this.userDao.saveUserAuth(userAuth);
            Map returnMap = new HashMap();
            //返回值
returnMap.put("accessToken", accessToken);
rs.put("data", returnMap);
            return rs;
        }
        // 如果过期(生成验证码)
        if (userAuth.getIsExpires() == 1) {
            String oldAccessToken = userAuth.getAccessToken();
            long systime = System.currentTimeMillis();
            long userId = user.getUserId();
            String accessToken = ApiTestUtil.encodePassword(userId + "$$" + systime);
userAuth.setUaaId(userAuth.getUaaId());
userAuth.setAccessToken(accessToken);
            //设置过期的秒数
            Calendar calendar = Calendar.getInstance();
calendar.setTime(new Date());
calendar.add(Calendar.DATE, Integer.parseInt(ApiConstants.USER_OAUTH_EXPIRES_DAYS));
            Date myDate = calendar.getTime();
userAuth.setExpires(myDate);
this.userDao.updateUserAuth(userAuth);
            Map returnMap = new HashMap();
returnMap.put("accessToken", accessToken);
rs.put("data", returnMap);
            return rs;
        } else {
            // 未过期
            Map returnMap = new HashMap();
returnMap.put("accessToken", userAuth.getAccessToken());
rs.put("data", returnMap);
            return rs;
        }
    }
}
```

(3) 在 src/main/java 创建 com.iot.apiTest.dao 包，并在 package 包下创建 UserDao 类，如图 4-12 所示。

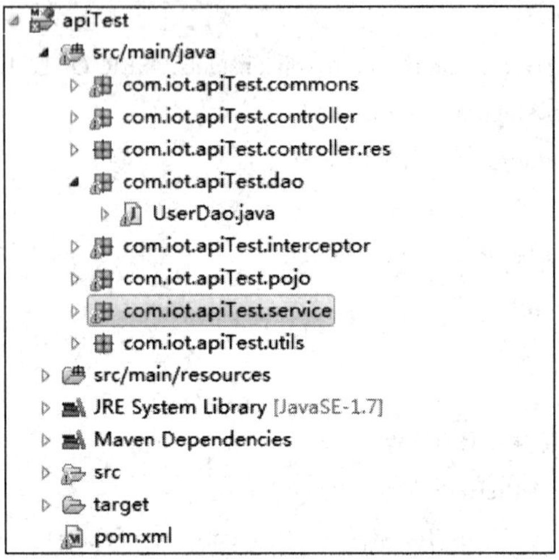

图 4-12　创建 UserDao 类的目录结构

UserDao 代码如下：

```java
/**
 * 用户登录 dao 层与数据库连接代码编写
 *
 */

@Repository("userDao")
public class UserDao extends SqlSessionDaoSupport{
    /**
     * 获取用户信息
     * @param map
     * @return
     */
    public User getUser(String loginName) {
        User user = (User)this.getSqlSession().selectOne("User.getUser",loginName);
        return user;
    }

    /**
     * 获取用户授权信息
     * @param map
     * @return
     */
    public UserAuthgetUserAuth(long userId){
        HashMap<String, Long> param = new HashMap<String, Long>();
param.put("userId", userId);
```

```
UserAuthuserAapp = (UserAuth)this.getSqlSession().selectOne("User.getUserAuth",param);
        return userAapp;

    }
 /**

     * 添加用户授权信息
     * @param userAppAuth
     * @return
     */
    public UserAuthsaveUserAuth(UserAuthuserAuth) {
getSqlSession().insert("User.insertUserAuth", userAuth);
return    this.getUserAuth(userAuth.getUserId());
    }
    /**
     * 更新授权信息
     * @param auserAppAuth
     */
    public UserAuthupdateUserAuth(UserAuthauserAppAuth){
this.getSqlSession().update("User.updateUserAuth",auserAppAuth);
        return this.getUserAuth(auserAppAuth.getUserId());
    }
}
```

4.2.5 数据展示模块实验

本示例通过调用对应封装接口，展示最近一周的温度传感器历史数据情况，利用第三方插件 echarts.js 将数据以折线图的形式展示。该模块代码可在 iot.xidian.edu.cn/download/www.zip 进行下载。开发该模块的主要流程如下：

(1) 项目内容如图 4-13 所示，其中文件夹 src/main/java 下存放后台逻辑代码。

图 4-13 项目内容的目录结构

(2) 在 WEB-INF 文件夹下新建文件夹 pages，用于存放前端逻辑代码。新建 js 文件夹，用于存放相关的 js，之后实验中前端相关的文件均默认存放在 WEB-INF 下，新建 js 文件夹的目录结构如图 4-14 所示。

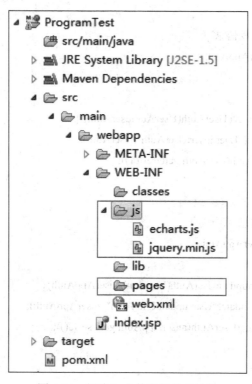

图 4-14　新建 js 文件夹的目录结构

(3) 项目默认启动后显示 index.jsp。

前台页面显示代码，用户手动输入网关号、节点号以及选择要查询的历史数据时间，这里选择时间为 6 个小时。

```html
<form action="" id="showForm" name="showForm">
<label>网关号：</label><input type="text" id="sns" />
<label>节点号：</label><input type="text" id="nsn" />
<select class="timeSelect">
<option value="--" selected="selected">--</option>
<option value="5">5 分钟</option>
<option value="30">30 分钟</option>
<option value="60">1 小时</option>
<option value="180">3 小时</option>
<option value="360">6 小时</option>
<option value="1440">1 天</option>
<option value="10080">1 周</option>
<option value="43200">30 天</option>
<option value="129600">3 月</option>
```

```
    </select>
    <input type="hidden" id="st" name="st"/>
    <input id="showButton" type="button" value="展示历史数据">
    </form>
```

历史数据在浏览器显示如图 4-15 所示。

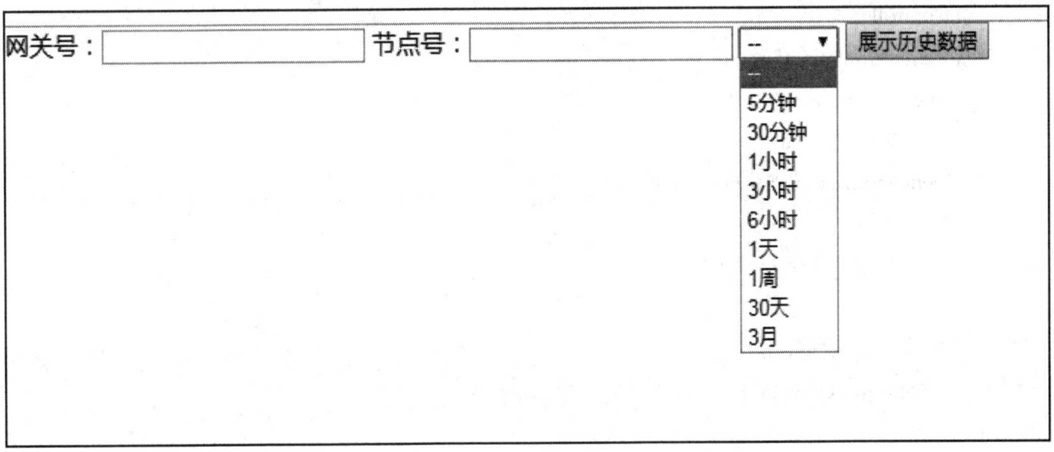

图 4-15　历史数据在浏览器中的显示界面

填入自己所查询的网关、节点号以及要查询的时间段，点击"展示历史数据"，即将请求发送到自己所请求的接口，这部分实现的 js 代码如下：

```
<script type="text/javascript">
    var timeSelect="";
    //获取下拉列表所选择的时间
    $(".timeSelect").change(function(){
timeSelect = $(".timeSelect").find("option:selected").val();;
    });
    //点击按钮后发送请求
    $("#showButton").click(function(){
    var sns = $("#sns").val();
    var nsn = $("#nsn").val();
    var ctx = "http://localhost:8080/apiTest";
    var url = ctx+"/scene/"+sns+"/node/"+nsn+".action";
    var timeInter = "st=2012-12-01 00:25:10";
    if (timeSelect> 0) {
        var myDate = new Date();
                                // 当前分钟数减去 45 分钟
        myDate.setTime(myDate.getTime() - timeSelect * 60 * 1000)
timeInter = myDate.Format("yyyy-MM-dd hh:mm:ss");
        $("#st").val(timeInter);
        $("#showForm").attr("action",url);
```

```
                    $("#showForm").submit();
                }
            })
        </script>
```

后台接口代码部分示例:

```
@Controller
@RequestMapping("/scene")
public class SceneController {
        @Autowired
    SceneServicesceneService;
    /**
      * 查看节点详情及历史数据
      *
      * 供前端页面使用
      * @throws Exception
      */
    @RequestMapping(method = { RequestMethod.GET }, value = "/{ssn}/node/{nsn}")
    public String getNodedata(HttpServletRequest request,HttpServletResponse response,@PathVaria ble
    String ssn, @PathVariable String nsn,ModelMap model,
    @RequestParam(value = "st", required = false, defaultValue = "") String st,
    @RequestParam(value = "et", required = false, defaultValue = "") String et
            ) throws Exception {
    ResSubjectrs = new ResSubject();
    Map pMap = new HashMap();
    Map returnMap = new HashMap();
    String url = ApiTestUtil.NODE_DETAIL + "{sceneSn}/node/{nodeSn}?data={data}";
    returnMap = sceneService.getNodedata(request, pMap, ssn, nsn, st, et,url);
    //将返回的数据转换成 JSON 格式存储在 model 中，方便前台调取
    model.put("returnMap", JsonUtil.toJson(returnMap));
    跳转页面，此时数据一并发送给要跳转的页面
        return "node/node_detail";
    }
}
```

在 pages 文件夹下新建 node 文件夹，并新建名为 node_history 的 jsp 文件用于接收并展示节点历史数据。这里使用 echarts 中的折线图显示，首先要引进所需要的 js。部分示例代码如下所述。

```
<html style="height: 100%">
<head>
<meta charset="utf-8">
```

```
<script src="../../../js/jquery.min.js"></script>
<script type="text/javascript" src="http://echarts.baidu.com/gallery/vendors/echarts/echarts.min.js">
</script>
</head>
<body style="height: 100%; margin: 0">
<div id="container" style="height: 100%"></div>
<script>
var result=${returnMap};
var data=[];
var time=[];
for(var i=0;i<result.datas.length;i++){
  data.push(result.datas[i].data.hum);
  time.push(formatDateTime(result.datas[i].at));
}
var dom = document.getElementById("container");
var myChart = echarts.init(dom);
var app = {};
option = null;
option = {
xAxis: {
        type: 'category',
        data: time
    },
yAxis: {
        type: 'value'
    },
    series: [{
        data: data,
        type: 'line'
    }]
};
;
if (option &&typeof option === "object") {
myChart.setOption(option, true);
}
</script>
</body>
</html>
```

(4) 浏览器输入 iot.xidian.edu.cn/ProgramTest，显示如图 4-16 所示。

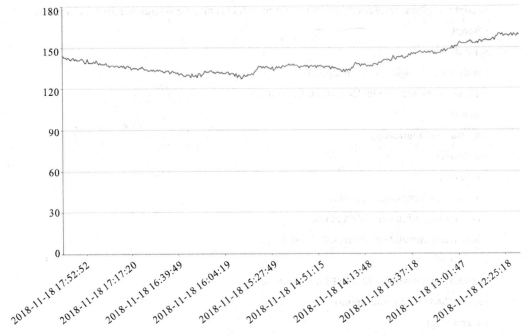

图 4-16　历史数据展示

本例利用微物联平台接口服务，对温度传感器的历史数据进行展示，其中引入了第三方插件 echarts。通过本次实验，重在使开发者掌握对平台接口的调用。

4.3　平台接口调用实验

平台对外提供服务的方式主要是 HTTP(S)接口，物联网开发者通过调用平台提供的接口服务可以开发出各种物联网应用。本节主要介绍平台对外提供服务的接口，并列举实例说明如何调用平台接口。

基于 HTTP 协议，REST 规范的应用接口，将存储在数据库中的数据发布出去，供第三方应用开发。基本格式规范说明如图 4-17 所示。

图 4-17　URL 基本格式规范说明

URL 的请求方法为 method:POST/GET，格式为 format:JSON，其他请求参数如表 4-1 所示，返回结果的响应字段说明如表 4-2 所示。

表 4-1　请 求 参 数

属性名称	类型	是否必填	备注
nm	字符串	是	登录名
pwd	字符串	是	密码

表 4-2　响应字段说明

属性名称	数据类型	备注
ra	Json	操作节点描述
st	整型	操作结果 1：成功； -1：登录名不能为空； -2：密码不能为空； -3：clientId 不能为空； -4：登录名不存在； -5：密码不正确； -6：clientId 不存在
sd	字符串	结果描述
data	Json	获取的数据
accessToken	字符串	授权码
expiresIn	字符串	过期时间

调用示例：

http://iot.xidian.edu.cn/user/assessTokenLogin?data={"nm":"apiTest","pwd":"111111"}

示例结果如图 4-18 所示。

{"ra":{"sd":"","st":1,"result":""},"data":{"accessToken":"34d95c8070a0a18039e1b423563fe021"}}

图 4-18　示例结果

练习题

1. 参考本章第一节部署 Tomcat，并将默认服务端口修改为 8081。

2. 列举 MySQL、MongoDB 和 Memcached 这几个数据存储中间件的异同，并详细阐述各数据存储中间件在平台中的作用。

3. 使用任意一种编程语言编写 TCP 和 UDP 服务端，并编写客户端测试其功能。思考当数据包不完整(如两条数据包合并发送或一条数据分为两次发送)的时候，服务端应该如何处理。

4. 参考平台的《中间件数据传输格式文档》说明，将真实的物联网设备(可自行购买设备或软件仿真)接入平台。

5. 参考平台的《物联网平台应用接口文档》说明，调用物联网平台的应用接口获取数据，并编写前端界面对数据进行展示。

第 5 章　基于微物联平台的实战

本章基于 ESP8266 硬件开发板，介绍通过物联网常用协议与微物联平台通信的实战案例。通过学习本章，读者可掌握 ESP8266 开发板的开发和常用物联网协议的使用。

5.1　基础实战

基础实战部分介绍 ESP8266 的使用以及开发环境的搭建，为网络实战打下坚实的基础。

实战一　实战环境准备

1. 硬件环境介绍

1）模组概述

本章所有实验均基于安信可公司生产的 ESP-12F 模组，其核心处理器为乐鑫公司生产的 ESP8266 芯片。ESP8266 芯片在较小尺寸中集成了业界领先的 Tensilica L106 超低功耗 32 位微型 MCU，可对其进行编程。ESP-12F 模组的数据手册的下载地址为 https://docs.ai-thinker.com/_media/esp8266/docs/esp-12f_product_specification_zh_v1.0.pdf。

2）引脚定义

ESP-12F 模组共有 16 个接口，其功能见表 5-1。

表 5-1　引 脚 功 能

序号	名称	功 能 说 明
1	RST	复位
2	ADC	A/D 转换结果。输入电压范围为 0～1 V，取值范围为 0～1024
3	EN	芯片使能端，高电平有效
4	IO16	GPIO16 接到 RST 管脚时可唤醒 deep sleep
5	IO14	GPIO14/HSPI_CLK
6	IO12	GPIO12/HSPI_MISO
7	IO13	GPIO13/HSPI_MOSI/UART0_CTS
8	VCC	3.3 V 供电(VDD)，外部供电电源的输出电流建议在 500 mA 以上
9	GND	接地

引脚序号	名称	功能说明
10	IO15	GPIO15/MTDO/HSPICS/UART0_RTS
11	IO2	GPIO2/UART1_TXD
12	IO0	GPIO0 外部拉低时为下载模式，GPIO0 悬空或者外部拉高时为运行模式
13	IO4	GPIO4
14	IO5	GPIO5/IR_R
15	RXD	UART0_RXD/GPIO3
16	TXD	UART0_TXD/GPIO1

2. IDE 介绍

1) 开发方式的选择

ESP8266 有多种开发方式，比如可以基于乐鑫的 NON-SDK/RTOS-SDK 进行开发(选用这种方式开发可直接下载安信可的集成开发环境)，还可以采用 Arduino 方式开发。除了这两种方式外，其他开发方式有：基于 AT 指令进行开发(ESP8266 作为无线模块使用，需要额外的 MCU)，基于 Lua 或 MicoPython 进行开发。

基于 AT 指令的方式需要额外的 MCU，这种开发方式只使用了 ESP8266 的 WiFi 功能，没有将其性能全部发挥出来，不适用于本书的实战讲解，故不选择这种开发方式。不过这种开发方式简单便捷，在对 MCU 性能要求较高或引脚要求较多的场景，或当需要额外的 MCU、ESP8266 只作为通信模组时，可以选用此种开发方式。

基于 Lua 或 MicoPython 的方式在性能和生态上逊于 Arduino。虽然基于乐鑫的 NON-SDK/RTOS-SDK 的方式在性能上要略微高于 Arduino，但其学习门槛要高于 Arduino，而本书的重点是物联网的学习，而非嵌入式开发，所以下面选择适合新手入门的 Arduino 进行实战讲解。

2) 开发环境的搭建

Arduino 有自己的 IDE，但是其 IDE 设计非常简单，适合没有编程经验的人使用，在此推荐使用 VS Code。使用 VS Code，需要安装 Arduino IDE，其安装地址为 https://www.ardu ino.cc/en/main/software。

(1) ESP8266 的 Arduino 库安装步骤如下所述。

第一步：打开 Arduino IDE。

第二步：依次点击菜单栏中的"文件"→"首选项"，打开"首选项"设置对话框，如图 5-1 所示。

第三步：在"附加开发板管理器网址"处添加 http://arduino.esp8266.com/stable/package_esp8266com_index.json。

第四步：依次点击菜单栏中的"工具"→"开发板"→"开发板管理器..."，进入"开发板管理器"对话框。搜索"ESP8266"并完成 ESP8266 Arduino 库的安装，如图 5-2 所示。

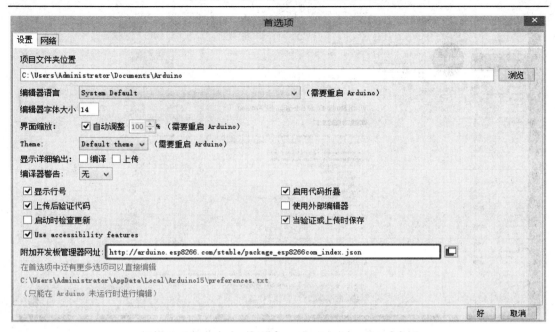

图 5-1　Arduino IDE "首选项" 对话框

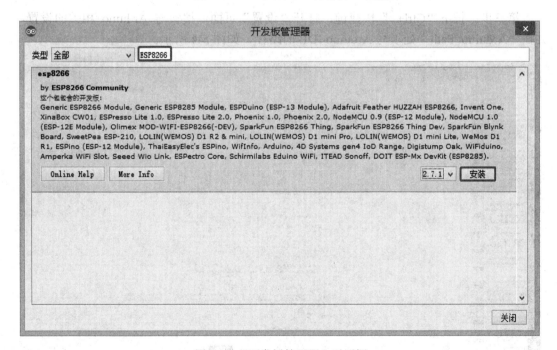

图 5-2　"开发板管理器" 对话框

(2) VS Code 的安装步骤如下所述。

第一步：下载 VS Code 编辑器。

第二步：安装 "Arduino for Visual Studio Code" 插件，如图 5-3 所示。

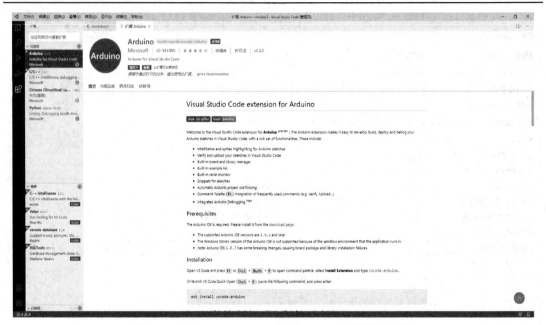

图 5-3 "Arduino for Visual Studio Code"插件的安装

第三步：按下"Ctrl+,"快捷键，打开"设置"页面，搜索与 Arduino 相关的设置，并在"Arduino: Path"处填写 Arduino IDE 的路径，如图 5-4 所示。

图 5-4　Arduino 相关设置

第四步：在"C:\Users\Administrator\Documents\Arduino"目录下新建"test"文件夹，并新建"test.ino"文件。

第五步：使用 VS Code 打开"test"文件夹，并选中"test.ino"文件，就会在状态栏中看到与 Arduino 相关的设置。在如图 5-5 所示的开发板选项中选择"Generic ESP8266 Module(undefined)"。至此，开发环境搭建完成。

图 5-5　开发板选择

(3) 使用 VS Code 时的问题处理如下所述。

① 输出中文乱码。此时应打开"C:\Users\Jeff\.vscode\extensions\vsciot-vscode.vscode-arduino-0.2.28\out\src\common \util.js"，注释 216～224 行。

```
         if (os.platform() === "win32") {
216              /*try {
                     const chcp = childProcess.execSync("chcp.com");
                     codepage = chcp.toString().split(":").pop().trim();
                 }
                 catch (error) {
                     outputChannel_1.arduinoChannel.warning(`Defaulting to code page 850 because
                     chcp.com failed.\
                     \rEnsure your path includes %SystemRoot%\\system32\r${error.message}`);
                     codepage = "850";
224              }*/
         }
```

② VS Code - Arduino Extension 0.3.0 - Serial Monitor reset error。此时可参见 https://github.com/microsoft/vscode-arduino/issues/1015。

③ VS Code 编译慢。此时可修改项目目录下的".vscode/aeduino.json"文件，添加：
```
    "output": "build"
```

实战二　UART 实战

1. 实战目标

掌握 UART 的使用和代码的上传，并使用 UART 输出"Hello ESP8266！"。

2. 实战环境

实战所用开发工具和运行平台如表 5-2 所示。

表 5-2　实战所用开发工具和运行平台

开发工具	VS Code、USB 转 TTL 模块、串口调试助手
运行平台	ESP8266 开发板

3. 实战原理

1) ESP8266 UART 介绍

ESP8266 的 UART0 和 UART1 各有一个长度为 128 字节的 FIFO，读写 FIFO 在同一个地址操作。

(1) 发送 FIFO 的基本工作过程。只要有数据填充到发送 FIFO 里，就会立即启动发送过程。由于发送本身是个相对缓慢的过程，因此在发送时其他需要发送的数据还可以继续填充到发送 FIFO 里。当发送 FIFO 被填满时就不能再继续填充了，否则会造成数据丢失，此时只能等待。发送 FIFO 会按照填入数据的先后顺序把数据一个一个发送出去，直到发送 FIFO 全空时为止。已发送完毕的数据会被自动清除，同时在发送 FIFO 里会多出一个空位。

(2) 接收 FIFO 的基本工作过程。当硬件逻辑接收到数据时，就会往接收 FIFO 里填充接收到的数据。程序会及时取走这些数据，数据被取走的过程也是在接收 FIFO 里被自动删除的过程，因此在接收 FIFO 里同时会多出一个空位。如果在接收 FIFO 里的数据未被及时取走而造成接收 FIFO 被填满，则以后再接收到数据时会因无空位可以填充而造成数据丢失。

2) 下载模式

在系统上电时，IO0 为外部拉低状态，此时进入 ESP8266 的下载模式；在系统上电前，IO0 为悬空或者外部拉高状态，此时进入运行模式。

系统默认的 IO0 为外部拉高状态，处于运行模式；在按下 Boot1 按键时，IO0 为外部拉低状态，处于下载模式。IO0 的状态在系统上电瞬间确定，如图 5-6 和图 5-7 所示。

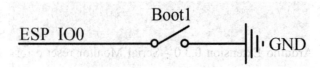

图 5-6　Boot1 按键原理图

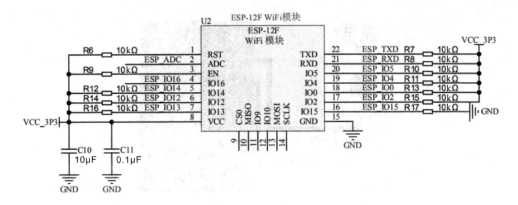

图 5-7　ESP-12F 原理图(局部)

综上，本书使用的开发板进入下载模式的方式是在系统上电之前按下开发板上的按键并给开发板上电。

4. 实战内容

1) .ino 文件结构介绍

.ino 文件是 Arduino 工程的入口文件，.ino 文件是对 C++中 main()函数的一次封装，它由两个函数组成，分别为

```
void setup() {}
void loop() {}
```

其中，setup()函数负责相关的初始化工作，只执行一次；loop()函数是一个死循环，会重复执行。

2) Arduino 相关库函数介绍

本次实战中涉及两个 Arduino Serial 库函数的使用，分别为

```
Serial.begin(speed)
Serial.println(val)
```

其中，Serial.begin(speed)中的参数 speed 是指串口通信波特率，要将其设置为与计算机串口调试助手中的值一致；Serial.println(val)的功能是通过串口打印一行数据，参数 val 是需要打印的内容。除了 println()外，还可以使用 print()、printf()函数打印信息。

5. 实战步骤

1) ESP8266 UART 与计算机 USB 接口的连接

ESP8266 共有一个完整的串口 UART0 和一个只有 TX 的 UART1。UART 分为 RX 和 TX 两部分，RX 用于接收信号，TX 用于发送信号。GND 用于定义电平的基准，VCC 可使用计算机的 USB 接口给开发板供电，因而不需要额外的电源。

ESP8266 与 USB 转 TTL 模块的连线如图 5-8 所示。ESP8266 的 RX 需要与 USB 转 TTL 模块的 TX 连接，ESP8266 的 TX 需要与 USB 转 TTL 模块的 RX 连接。UART 的引脚定义见实战一。

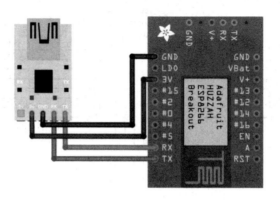

图 5-8　ESP8266 与 USB 转 TTL 模块的连线

计算机与开发板的通信需要借助 USB 转 TTL 模块。在将该模块插入计算机的 USB 接口，第一次使用时需要安装驱动，可利用"驱动人生"等工具进行安装。在安装完成后，可在"我的电脑"→"计算机管理(本地)"→"设备管理器"→"端口(COM 和 LPT)"中查看端口号以及是否驱动成功，如图 5-9 所示。

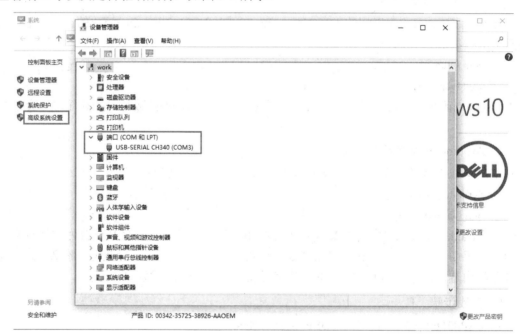

图 5-9　查看端口号

2) 编写程序

(1) 在"C:\Users\Administrator\Documents\Arduino"目录下新建"UART_TEST"文件夹，在新建目录下创建"uart.ino"文件。

(2) 使用 VS Code 打开"UART_TEST"文件夹，打开"uart.ino"文件开始编写代码。

(3) 选择开发板为"Generic ESP8266 Module"。

(4) 引入头文件：

```
#include <Arduino.h>
```

(5) 在"uart.ino"文件中新建两个函数，分别为

```
void setup() {}
void loop() {}
```

(6) 在 setup()函数中添加如下函数：

```
Serial.begin(74880);
Serial.println("Hello ESP8266!");
```

其完整代码如下：

```
#include <Arduino.h>


void setup() {
Serial.begin(74880); // 设置串口波特率为 74880
Serial.println("Hello ESP8266!");
}


void loop() {}
```

3) 上传代码

(1) 确保计算机与 ESP8266 开发板的连接正常。

(2) 点击右下角"<Select Serial Port>"选择端口号，如图 5-10 所示。

图 5-10　选择端口号

(3) 点击"上传"按钮进行代码的上传，如图 5-11 所示。

(4) 在出现"Connecting..."字样后，按下按键并重新上电使开发板进入下载模式(注意：这里的下载和上传所表达的含义是相同的，在 Arduino 中称为上传，在 ESP8266 中称为下载)，如图 5-12 所示。

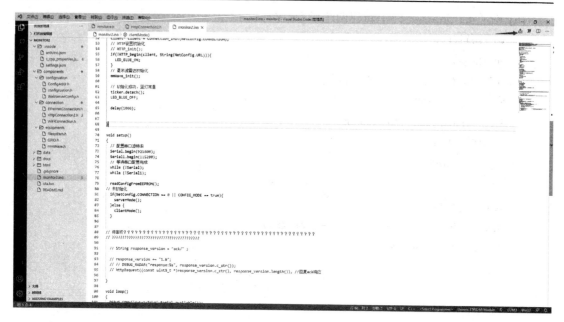

图 5-11　上传代码

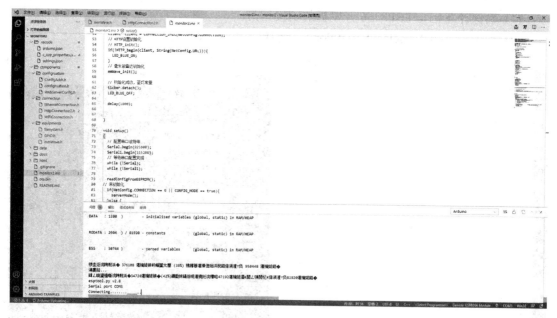

图 5-12　进入下载模式

(5) 在出现 "[Done] Uploaded the sketch: Blink.ino" 时完成上传。

4) 功能验证

(1) 下载 "安信可串口调试助手"，下载地址为 https://docs.ai-thinker.com/tools。

(2) 选择端口号，设置波特率为 74880 并打开串口，如图 5-13 所示。

(3) 给开发板重新上电，就会看到如图 5-14 所示的输出信息。其中，"1" 为芯片启动时打印的调试信息，使用其他波特率时为乱码，不影响使用；"2" 为程序打印的信息。至此，UART 的功能验证完成。

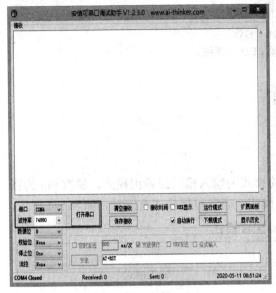

图 5-13　打开串口调试助手　　　　　　　　图 5-14　UART 功能验证

6. 总结

通过本次实战，我们学习了 ESP8266 UART 的使用以及如何上传代码到 MCU，并认识了 Arduino 的工程结构，为以后的学习打下了基础。

作业

本次实战中只演示了如何使用 ESP8266 来发送数据，那如何利用 ESP8266 来接收数据呢？请同学们自行完成。

实战三　执行器实战

1. 实战目标

物联网中可将外部设备分为两类，一类叫作传感器，另一类叫作执行器。传感器用于采集信息并上传，执行器等待接收信息并执行相应动作。LED 小灯就是执行器中的一种。本次实战通过介绍 GPIO (General-Purpose Input/Output)的使用来点亮 LED 小灯。

2. 实战环境

实战所用开发工具和运行平台如表 5-3 所示。

表 5-3　实战三所用开发工具和运行平台

开发工具	VS Code、USB 转 TTL 模块
运行平台	ESP8266 开发板

3. 实战原理

模组的 GPIO 可通过嵌入式程序控制其输入/输出模式以及其高低电平。如图 5-15 所示，当 ESP 的 IO15 输出低电平时，LED 点亮。

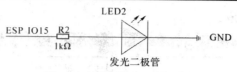

图 5-15　开发板 LED 原理图

4. 实战内容

本次实战涉及三个 Arduino 库函数的使用，分别为

```
pinMode(pin, mode);
digitalWrite(pin, value);
delay(ms);
```

其中，pinMode(pin, mode)函数用于配置引脚的模式为输入模式或输出模式。参数 pin 为指定配置的引脚编号；参数 mode 为指定的配置模式，通常可用模式有三种，如表 5-4 所示。

表 5-4　引脚配置模式

符号表示	模　式
INPUT	输入模式
OUTPUT	输出模式
INPUT_PULLUP	上拉输入模式

digitalWrite(pin, value)控制 GPIO 输出高电平或者低电平。参数 pin 为指定输出的引脚编号；参数 value 为指定输出的电平，使用 HIGH 指定输出高电平，使用 LOW 指定输出低电平。

delay(ms)是 Arduino 中的延时函数。运行该延时函数时，会等待指定的时间，再运行此后的程序。可以通过参数 ms 设定延时时间，该参数类型为 unsigned long。

5. 实战步骤

1) 编写代码

(1) 从如图 5-16 所示的位置打开 ESP8266 Arduino 的官方例子 Blink，其代码如下：

```
/*
    ESP8266 Blink by Simon Peter
    Blink the blue LED on the ESP-01 module
    This example code is in the public domain

    The blue LED on the ESP-01 module is connected to GPIO1
    (which is also the TXD pin; so we cannot use Serial.print() at the same time)

    Note that this sketch uses LED_BUILTIN to find the pin with the internal LED
*/

void setup() {
pinMode(LED_BUILTIN, OUTPUT);        // Initialize the LED_BUILTIN pin as an output
```

```
    }

    // the loop function runs over and over again forever
    void loop() {
    digitalWrite(LED_BUILTIN, LOW);      // Turn the LED on (Note that LOW is the voltage level
        // but actually the LED is on; this is because
        // it is active low on the ESP-01)
    delay(1000);                         // Wait for a second
    digitalWrite(LED_BUILTIN, HIGH);     // Turn the LED off by making the voltage HIGH
    delay(2000);                         // Wait for two seconds (to demonstrate the active low LED)
    }
```

图 5-16　ESP8266 Arduino Examples

(2) 将 LED_BUILTIN 改为开发板 LED2 连接引脚 15。

2) 上传代码并进行功能验证

将代码上传至开发板，给开发板重新上电并观察 LED 小灯的状态。

6. 总结

通过本次实战，我们学习了 ESP8266 GPIO 的使用方法，并以 LED 小灯为例学习了 MCU 通过 GPIO 控制外设执行器的方法。

作业

自学 ESP8266 Arduino 官方示例中的"BlinkPolledTimeout"和"BlinkWithoutDelay"示例，并观察其效果。

实战四　Debug 实战

1. 实战目标

掌握 ESP8266 的调试方法。

2. 实战环境

实战所用开发工具和运行平台如表 5-5 所示。

表 5-5　实战四所开发工具和运行平台

开发工具	VS Code、USB 转 TTL 模块、串口调试助手
运行平台	ESP8266 开发板

3. 实战步骤

1) 使用 Debug 功能

(1) 初始化。Debug 功能的使用需要串口的支持，需要在 setup()中对串口进行初始化操作。使用 Debug 功能的最小化工程代码如下：

```
void setup() {
Serial.begin(115200);
}


void loop() {
}
```

(2) 在"开发板配置"选项中选择输出 Debug 信息的端口号和 Debug 的级别(Debug 信息的输出级别可根据想查看的最小信息进行选择)，如图 5-17 所示。

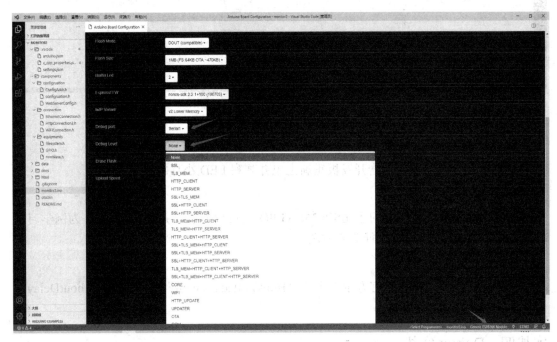

图 5-17　输出 Debug 信息的设置

(3) 重新烧写程序，并打开串口调试助手查看 Debug 信息。

注意：Debug 信息的输出不影响串口功能的使用。

2) 用户自定义 Debug 信息

用户可仿照如下示例自定义 Debug 信息。

```
#ifdef DEBUG_ESP_PORT
#define DEBUG_MSG(...) DEBUG_ESP_PORT.printf( __VA_ARGS__ )
#else
#define DEBUG_MSG(...)
#endif

void setup() {
Serial.begin(115200);

    DEBUG_MSG("bootup...\n");
}

void loop() {
    DEBUG_MSG("loop %d\n", millis());
delay(1000);
    }
```

上述示例会在选择 Debug 信息的输出端口后输出 Debug 信息，否则不输出。
DEBUG_MSG(msg)的用法和 C 语言中 printf()的用法一致。

millis()函数用于获取 Arduino 通电后(或复位后)到现在的时间，单位为毫秒。

4. 总结

通过本次实战，我们学习了 ESP8266 Arduino Debug 的使用方法，并且学习了如何自定义 Debug 信息。

作业

ESP8266 除了可以使用 Debug 进行调试外，还支持采用 GDB 的方式进行调试，可参考 https://arduino-esp8266.readthedocs.io/en/latest/gdb.html 进行自主学习。

扩展一　按键中断实战

1. 实战目标

掌握 ESP8266 中断的使用。

2. 实战环境

实战所用开发工具和运行平台如表 5-6 所示。

表 5-6　扩展一所用开发工具和运行平台

开发工具	VS Code、USB 转 TTL 模块
运行平台	ESP8266 开发板

3. 实战原理

ESP8266 支持的中断类型有 CHANGE(改变沿，电平从低到高或者从高到低)、RISING(上升沿，电平从低到高)、FALLING(下降沿，电平从高到低)三种。当 MCU 检测到中断信号时就会在下一个 MCU 周期优先响应中断请求，打断 MCU 的正常处理流程。

ESP8266 中除了 GPIO16 外，中断可以绑定到任意 GPIO 引脚上。本次扩展选用按键触发中断。如图 5-18 所示，正常工作时 IO0 为高电平状态；当按下按键时，IO0 由高电平变为低电平；松开按键后，IO0 恢复高电平。

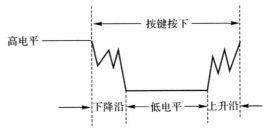

图 5-18　按键按下时 IO0 的电平变化图

4. 实战内容

Arduino 中断的添加是通过 attachInterrupt(pin, function, mode)函数完成的。其中，参数 pin 表示要设置的中断编号(注意，这里不是引脚编号)；参数 function 表示中断发生时运行的回调函数，这个函数不带任何参数，不返回任何内容；参数 mode 定义中断被触发的方式(RISING、FALLING 或 CHANGE)。

detachInterrupt(pin)函数用于取消指定中断。其中，参数 pin 表示要取消的中断编号。中断编号可通过 digitalPinToInterrupt(pin)函数获取。

5. 实战步骤

(1) 定义按键 KEY 所使用的引脚：

```
#define KEY                0
```

(2) 在 setup()函数中设置按键 KEY 为输入模式，LED 为输出模式且熄灭：

```
pinMode(KEY,INPUT);

pinMode(LED_BUILTIN, OUTPUT);
digitalWrite(LED_BUILTIN, HIGH);
```

(3) 设置外置按钮引脚中断为下降沿触发模式：

```
attachInterrupt(KEY, handleKeyInterrupt, FALLING);
```

(4) 定义中断服务函数：

```
void ICACHE_RAM_ATTR handleKeyInterrupt(){
digitalWrite(LED_BUILTIN, !digitalRead(LED_BUILTIN));
}
```

(5) 在 loop()函数中加入 yield()使其空循环：

```
void loop()

{
```

```
    yield();
    }
```

(6) 上传代码，并多次按下按键观察 LED 的变化。

注意：在按下按键时，我们有时候会发现小灯的状态并没有发生改变，但实际上小灯的状态多次发生了改变，造成这一现象的原因是按键抖动。关于按键抖动，请自行了解。

本次实战的完整代码如下：

```
#define KEY                 0

void ICACHE_RAM_ATTR handleKeyInterrupt(){
digitalWrite(LED_BUILTIN, !digitalRead(LED_BUILTIN));
}


void setup() {
    // put your setup code here, to run once:
pinMode(KEY,INPUT);


pinMode(LED_BUILTIN, OUTPUT);
digitalWrite(LED_BUILTIN, HIGH);


attachInterrupt(KEY, handleKeyInterrupt, FALLING);
}


void loop() {
    // put your main code here, to run repeatedly:
yield();
}
```

6. 总结

通过本次实战，我们学习了如何使用 ESP8266 的中断系统。

扩展二 定时器实战

1. 实战目标

掌握 ESP8266 定时器的使用。

2. 实战环境

实战所用开发工具和运行平台如表 5-7 所示。

表 5-7 扩展二所用开发工具和运行平台

开发工具	VS Code、USB 转 TTL 模块
运行平台	ESP8266 开发板

3. 实战内容

ESP8266 Arduino 定时器由 Ticker 库完成，支持的函数如下：

```
void once(float seconds, callback_function_t callback);
void once(float seconds, callback_function_tcallback,TArgarg);

void once_ms(float milliseconds, callback_function_t callback);
void once_ms(float milliseconds, callback_function_tcallback,TArgarg);

void attach(float seconds, callback_function_t callback);
void attach(float seconds, callback_function_tcallback,TArgarg);

void attach_ms(float milliseconds, callback_function_t callback);
void attach_ms(float milliseconds, callback_function_tcallback,TArgarg);

detach();
active();
```

once 函数表示任务只执行一次，参数 seconds 表示任务从多少秒后开始执行；callback 为回调函数，不需要加 ICACHE_RAM_ATTR 关键字；至多可带一个参数 arg。

once_ms 函数表示任务只执行一次，参数 milliseconds 表示任务从多少毫秒后开始执行，其余参数含义与 once 函数一致。

attach 函数表示任务周期性执行，参数 seconds 表示任务周期执行的时间间隔(秒)，其余参数含义与 once 函数一致。

attach_ms 函数表示任务周期性执行，参数 milliseconds 表示任务周期执行的时间间隔 (毫秒)，其余参数含义与 once 函数一致。

detach()函数表示停止定时器。

active()函数用于检查定时器是否工作。

4. 实战步骤

(1) 引入 Ticker 库，定义定时器。

```
#include <Ticker.h>

Ticker ticker;
```

(2) 在 setup()函数中设置 LED 为输出模式且熄灭。

```
pinMode(LED_BUILTIN, OUTPUT);
digitalWrite(LED_BUILTIN, HIGH);
```

(3) 设置定时器为 1 秒触发一次，周期性执行。

```
ticker.attach(1, []{
digitalWrite(LED_BUILTIN, !digitalRead(LED_BUILTIN));
});
```

注：[]{}的用法为 C++11 中的 Lambda 表达式。

(4) 在 loop()函数中加入 yield()使其空循环。

```
void loop()
{
yield();
}
```

(5) 上传代码，观察 LED 的变化。

本次实战的完整代码如下：

```
#include <Ticker.h>

Ticker ticker;

void setup() {
    // put your setup code here, to run once:
pinMode(LED_BUILTIN, OUTPUT);
digitalWrite(LED_BUILTIN, HIGH);

ticker.attach(1, []{
digitalWrite(LED_BUILTIN, !digitalRead(LED_BUILTIN));
    });
}

void loop() {
    // put your main code here, to run repeatedly:
yield();
}
```

5. 总结

通过本次实战，学习了如何使用 ESP8266 的定时器功能。

作业

上述示例只演示了不带参数的函数用法，带参数的怎么使用呢？请同学们自行设计实验并进行验证。

5.2　网　络　实　战

实战一　WiFi 模块的使用——AP 模式

1. 实战目标

掌握 ESP8266 AP 模式的使用。

2. 实战环境

实战所用开发工具和运行平台如表 5-8 所示。

表 5-8　实战一开发工具和运行平台

开发工具	VS Code、USB 转 TTL 模块、串口调试助手
运行平台	ESP8266 开发板

3. 实战原理

AP 也就是无线接入点，是一个无线网络的创建者，是网络的中心节点。一般家庭或办公室使用的无线路由器就一个 AP，众多站点(STA)加入到它所组成的无线网络，网络中的所有的通信都通过 AP 来转发完成。

软 AP 也叫作 Soft-AP，硬件部分是一块标准的无线网卡比如 ESP8266，但其通过驱动程序使其提供与 AP 一样的信号转换、路由等功能。与传统 AP 相比，它的成本很低，功能上也能满足基本要求。在基本功能上，Soft-AP 与 AP 并没有太大的差别，不过因为用软件来实现 AP 功能，Soft-AP 的接入能力和覆盖范围远不如 AP。

注意：ESP8266 能同时连接到 Soft-AP 的 station 的个数上限是 4 个。

4. 实战内容

Soft-AP 相关的函数包括：

```
bool softAP(const char* ssid, const char* passphrase = NULL, int channel = 1, int ssid_hidden = 0, int
                                             max_connection = 4);
bool softAP(const String&ssid,const String& passphrase = emptyString,int channel = 1,int ssid_hidden
                                             = 0,int max_connection = 4);


bool softAPConfig(IPAddresslocal_ip, IPAddress gateway, IPAddress subnet);


bool softAPdisconnect(bool wifioff = false);


WiFi.softAPgetStationNum();
WiFi.softAPIP();
WiFi.softAPmacAddress(macAddr);
```

bool softAP(const char* ssid, const char* passphrase = NULL, int channel = 1, int ssid_hidden = 0, int max_connection = 4);用于释放一个网络。参数 ssid 表示网络的名称，最大为 31 个字符；参数 passphrase 表示所释放网络的密码，对于 WPA2 加密类型最少为 8 个字符，对于开放网络设置为 NULL，最大为 63 个字符，默认为 NULL；channel 表示 WiFi 通道数字 1～13，默认是 1；ssid_hidden 表示 WiFi 是否需要隐藏，通过它设置别人是否能看到你的 WiFi 网络，0 表示显示，1 表示隐藏，默认为 0；max_connection 表示最大的同时连接数 1～4，一旦超过这个数，其他的 station 想连接只能等待。

bool softAPConfig(IPAddresslocal_ip, IPAddress gateway, IPAddress subnet);用于配置 AP 网络信息，参数 local_ip 表示静态 IP 地址，gateway 表示网关 IP 地址，subnet 表示子

网掩码。

bool softAPdisconnect(bool wifioff = false)；用于关闭 AP 模式。

WiFi.softAPgetStationNum()；用于获取连接到 AP 上的 station 数目。

WiFi.softAPIP()；用于获取 AP 的 ip 地址(默认 192.168.4.1)。

WiFi.softAPmacAddress(macAddr)；用于获取 AP 的 mac 地址，保存在参数 macAddr 中。

5. 实战步骤

(1) 打开"ESP8266WiFi/WiFiAccessPoint"示例代码。

(2) 烧写程序到开发板中。

(3) 打开串口调试助手，设置波特率为 115200，并给开发板重新上电，查看打印信息如图 5-19 所示。

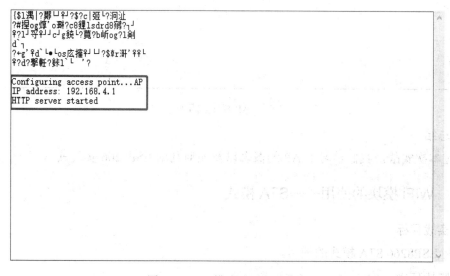

图 5-19　AP 模式验证调试信息

(4) 在终端设备上连接名为"ESPap"的 WiFi，密码为"thereisnospoon"，如图 5-20 所示。

图 5-20　连接 AP

(5) 打开浏览器，在地址栏输入 IP 地址 192.168.4.1，其结果如图 5-21 所示。

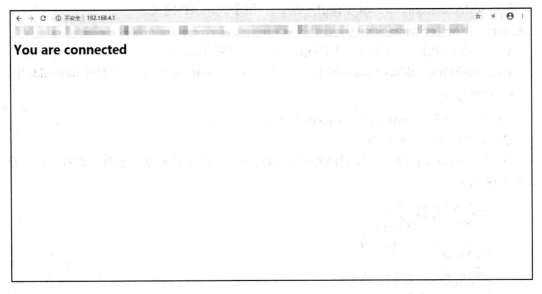

图 5-21　AP 模式结果验证

6. 总结

通过本次实战，我们学习了 AP 的概念以及如何利用 ESP8266 实现软 AP。

实战二　WiFi 模块的使用——STA 模式

1. 实战目标

掌握 ESP8266 STA 模式的使用。

2. 实战环境

实战所用开发工具和运行平台如表 5-9 所示。

表 5-9　实战二开发工具和运行平台

开发工具	VS Code、USB 转 TTL 模块、串口调试助手、网络调试助手
运行平台	ESP8266 开发板

3. 实战原理

Station(简称 STA)：每一个连接到无线网络中的终端(如笔记本电脑、PDA 及其他可以联网的用户设备)都可称为一个站点。处于 STA 模式下的 ESP8266，可以连接到 AP。通过 Station 模式，ESP8266 作为客户端连接到路由的 WiFi 信号，而处于 Station 模式下的 ESP8266 可以使用 DHCP Client 的方式，由上级路由分配 IP，或者设置成静态 IP。

STA 模式下 WiFi 模块的特点有：当最近使用的可接入点(最近使用的可接入点是指 ESP8266 最后连接的 WiFi 热点)连接断开，后面重新可用，或 ESP8266 模块重新启动后，ESP8266 模块会自动重新连接最近使用的可接入点。其原理是 ESP8266 会把最近使用的可接入点的校验信息(ssid 账号和 psw 密码)存到 flash 存储中。使用保存在 flash 中的校验信息，ESP8266 就可以重新连接到最近使用的可接入点，尽管再次改变代码烧写进去，只要不改变 WiFi 原来的工作模式和校验信息，那么 ESP8266 模块就会自动重新连接最近使用的可接入点。

4. 实战内容

本章涉及的函数包括连接 WiFi 和服务器通信两部分，连接 WiFi 使用函数如下：

```
bool mode(WiFiMode_t, WiFiState* state = nullptr);
bool ESP8266WiFiMulti::addAP(const char* ssid, const char *passphrase);
wl_status_t ESP8266WiFiMulti::run(void)
```

服务器通信由 WiFiClient 类完成，涉及的函数有：

```
WiFiClient::connect(host, port);
WiFiClient::println(msg);
```

bool mode(WiFiMode_t, WiFiState* state = nullptr);函数用于设置 ESP8266 的工作模式，可设置为 WIFI_OFF、WIFI_STA、WIFI_AP、WIFI_AP_STA 四种模式。

bool ESP8266WiFiMulti::addAP(const char* ssid, const char *passphrase);函数用于添加 WiFi AP。参数 ssid 为 AP 的 SSID，参数 passphrase 为 AP 的密码。

wl_status_t ESP8266WiFiMulti::run(void);函数表示 WiFi 模块开始运行，其返回值为 WiFi 连接的状态，包括：

```
typedef enum {
    WL_NO_SHIELD          = 255,      // for compatibility with WiFi Shield library
    WL_IDLE_STATUS        = 0,
    WL_NO_SSID_AVAIL      = 1,
    WL_SCAN_COMPLETED     = 2,
    WL_CONNECTED          = 3,
    WL_CONNECT_FAILED     = 4,
    WL_CONNECTION_LOST    = 5,
    WL_DISCONNECTED       = 6
} wl_status_t;
```

WiFiClient::connect(host, port); 函数用于连接指定的服务器进程。参数 host 为主机的域名或 IP 地址；参数 port 为所连接的端口号。

WiFiClient::println(msg); 用于向服务器打印一行信息，其打印方法与 Serial 类一致。

5. 实战步骤

(1) 打开 "ESP8266WiFi/WiFiClientBasic" 示例代码。

(2) 修改 WiFi 的 SSID 和 PSK 为所连接的 WiFi 信息：

```
#ifndef STASSID
#define STASSID "your-ssid"
#define STAPSK   "your-password"
#endif
```

(3) 下载网络调试助手(https://docs.ai-thinker.com/tools)并打开。

(4) 在 "服务器模式" 上右击鼠标，选择 "创建服务器"，如图 5-22 所示。

图 5-22　创建服务器

(5) 将"本机端口"改为 3000,如图 5-23 所示。

图 5-23　修改本机端口

(6) 右击,选择"启动服务器",如图 5-24 所示。

图 5-24　启动服务器

(7) 将示例代码中的 host 改为图 5-24 中显示的 IP 地址：

```
const char* host = "192.168.1.8";
```

(8) 烧写程序到开发板中。

(9) 打开串口调试助手，设置波特率为 115200，并给开发板重新上电，查看串口调试助手和网络调试助手打印的信息，并在网络调试助手中发出响应信息"hi"，如图 5-25 和图 5-26 所示。

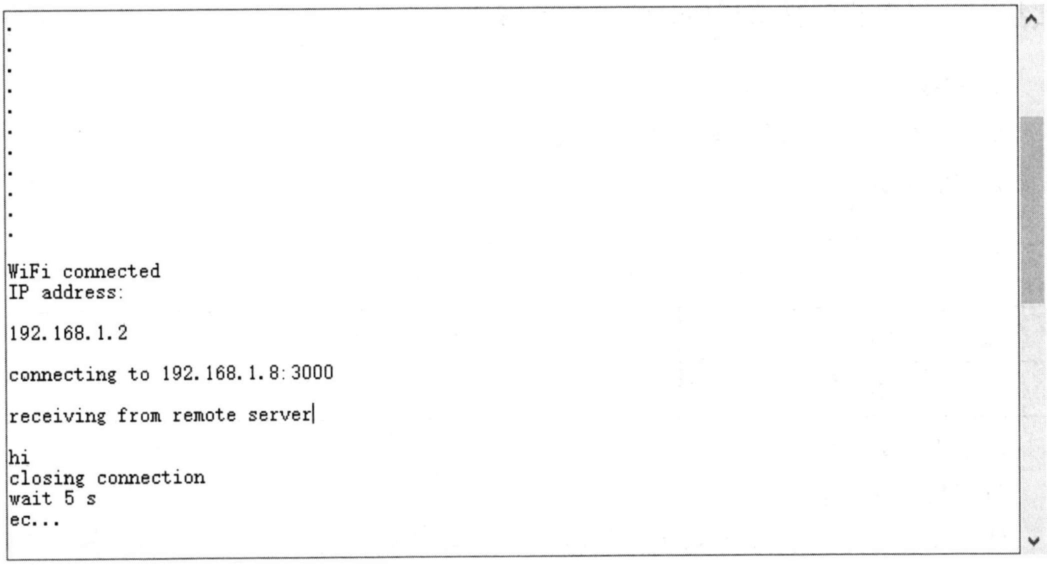

```
.
.
.
.
.
.
.
.
.
WiFi connected
IP address:

192.168.1.2

connecting to 192.168.1.8:3000

receiving from remote server

hi
closing connection
wait 5 s
ec...
```

图 5-25   STA 模式验证调试信息

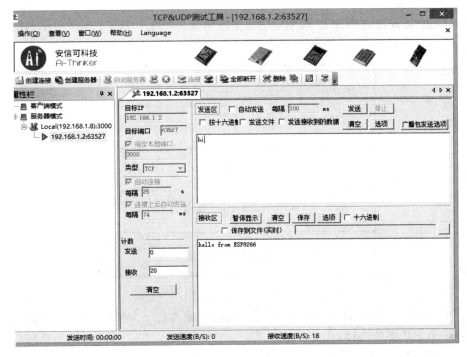

图 5-26   TCP 连接信息

6. 总结

通过本次实战，我们学习了 ESP8266 STA 模式的使用，与服务器建立 TCP 连接并发送消息至服务器。

作业

学习示例代码中"ESP8266WiFi/UDP"的使用。

实战三　使用 HTTP 协议发送数据到物联网平台

1. 实战目标

通过 HTTP 协议发送数据到微物联平台。

2. 实战环境

实战所用开发工具和运行平台如表 5-10 所示。

表 5-10　实战三开发工具和运行平台

开发工具	VS Code、USB 转 TTL 模块、串口调试助手
运行平台	ESP8266 开发板

3. 实战原理

1) HTTP 协议简介

(1) HTTP(Hypertext transfer protocol)协议，即超文本传输协议。是一种详细规定了浏览器和万维网(WWW = World Wide Web)服务器之间互相通信的规则，通过因特网传送万维网文档的数据传送协议。

(2) HTTP 协议作为 TCP/IP 模型中应用层的协议，承载于 TCP 协议之上，有时也承载于 TLS 或 SSL 协议层之上，这时就成了我们常说的 HTTPS，如图 5-27 所示。

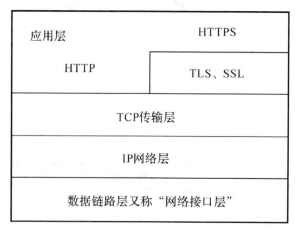

图 5-27　HTTP 协议在 TCP/IP 中的位置

(3) HTTP 是一个应用层协议，由请求和响应构成，是一个标准的客户端服务器模型。HTTP 是一个无状态的协议。

(4) HTTP 默认的端口号为 80，HTTPS 默认的端口号为 443。

(5) 浏览网页是 HTTP 的主要应用，但是这并不代表 HTTP 就只能应用于网页的浏览。HTTP 是一种协议，只要通信的双方都遵守这个协议，HTTP 就能有用武之地，HTTP 协议也可用于物联网。

2) HTTP 协议工作流程

一次 HTTP 操作称为一个事务，其工作过程可分为以下四步：

(1) 客户机与服务器建立连接。

(2) 建立连接后，客户机发送一个请求给服务器，请求方式的格式为统一资源标识符 (URL)、协议版本号，后边是 MIME 信息包括请求修饰符、客户端信息和可能的内容。

(3) 服务器接到请求后，给予相应的响应信息，其格式为一个状态行，包括信息的协议版本号、一个成功或错误的状态码，后边是 MIME 信息包括服务器信息、实体信息和可能的内容。

(4) 客户端接收服务器所返回的信息，然后客户端与服务器断开连接(HTTP 1.1 默认不立即端口连接，有兴趣的同学可以了解 HTTP 协议的 keepalive 机制)。

如果在以上过程中的某一步出现错误，那么产生错误的信息将返回到客户端。对于用户来说，这些过程是由 HTTP 自己完成的，用户只需要等待信息返回就可以了。

3) HTTP 协议格式

HTTP 协议格式由请求行、请求头部、空行和请求数据四个部分组成，如图 5-28 所示。

图 5-28　HTTP 请求

第一部分为请求行，表示是 post 请求，以及 http1.1 版本。如果是响应消息则包含状态码和状态消息。第二部分为请求头部，第二行至第六行。第三部分为空行，第七行的空行。第四部分为请求数据，第八行。

其中，状态代码有三位数字组成，第一个数字定义了响应的类别，共分以下五种类别：

1xx：指示信息，表示请求已接收，继续处理。

2xx：成功，表示请求已被成功接收、理解、接受。

3xx：重定向，表示要完成请求必须进行更进一步的操作。

4xx：客户端错误，表示请求有语法错误或请求无法实现。

5xx：服务器端错误，表示服务器未能实现合法的请求。

常见的状态码如表 5-11 所示。

表5-11　常见状态码

状态码	状态信息	含　义
200	OK	客户端请求成功
400	Bad Request	客户端请求有语法错误，不能被服务器所理解
401	Unauthorized	请求未经授权，该状态码必须和 WWW-Authenticate 报头域一起使用
403	Forbidden	服务器收到请求，但是拒绝提供服务
404	Not Found	请求资源不存在，例如：输入了错误的 URL
500	Internal Server Error	服务器发生不可预期的错误
503	Server Unavailable	服务器当前不能处理客户端请求，一段时间后可能恢复正常

4) HTTP 协议请求方法

根据 HTTP 标准，HTTP 请求可以使用多种请求方法，如表 5-12 所示。

HTTP1.0 定义了三种请求方法：GET，POST 和 HEAD 法。

HTTP1.1 新增了五种请求方法：OPTIONS，PUT，DELETE，TRACE 和 CONNECT 法。

表 5-12　HTTP 协议请求方法

GET	请求指定的页面信息，并返回实体主体
POST	向指定资源提交数据进行处理请求(例如提交表单或者上传文件)，数据被包含在请求体中。POST 请求可能会导致新的资源的建立和/或已有资源的修改
PUT	从客户端向服务器传送的数据取代指定的文档的内容
DELETE	请求服务器删除指定的页面
HEAD	用于获取报头
CONNECT	HTTP/1.1 协议中预留给能够将连接改为管道方式的代理服务器
OPTIONS	允许客户端查看服务器的性能
TRACE	回显服务器收到的请求，主要用于测试或诊断

4. 实战内容

上一实战讲述了 ESP8266WiFiMulti 的方式连接 WiFi AP，本实战使用 ESP8266 Station 模式的专用库——ESP8266WiFiSTA 库进行连接，连接所用到的函数如下：

```
wl_status_tbegin(const char* ssid, const char *passphrase = NULL, int32_t channel = 0, const uint8_t* bssid = NULL, bool connect = true);
```

上述函数的作用是切换工作模式到 STA 模式，并根据 connect 属性来判断是否连接 WiFi。参数 ssid 为所连接 WiFi AP 的名称；参数 passphrase 为所连接 WiFi AP 的密码，若连接开放网络则使用默认值 NULL；参数 channel 为 WiFi 通道数字 1～13，默认是 1；参数 bssid 为 WiFi AP 的 MAC 地址；参数 connect 为 bool 类型，默认为 true，当设置为 false，不会去连接 WiFi 热点，会建立 module 用于保存上面参数。

wl_status_t ESP8266WiFiSTAClass::status()；用于获取 WiFi 的连接状态，其返回值 wl_status_t 包括：

```
typedef enum {
    WL_NO_SHIELD        = 255,     // for compatibility with WiFi Shield library
    WL_IDLE_STATUS      = 0,
    WL_NO_SSID_AVAIL    = 1,
    WL_SCAN_COMPLETED   = 2,
    WL_CONNECTED        = 3,
    WL_CONNECT_FAILED   = 4,
    WL_CONNECTION_LOST  = 5,
    WL_DISCONNECTED     = 6
} wl_status_t;
```

ESP8266 Arduino 的 HTTP 协议实现由 HTTPClient 类完成。

bool HTTPClient::begin(WiFiClient&client, const String&url)；函数用于解析连接所使用的 url；参数 WiFiClient 为上一实战中讲解的 WiFiClient 类，用于建立 TCP 连接。

void addHeader(const String& name, const String& value, bool first = false, bool replace = true)；函数用于为 HTTP 请求添加头，为键值对形式。参数 name 为键，参数 value 为值。

int HTTPClient::POST(const String& payload)；函数用于发送 POST 请求，参数 payload 为 HTTP Body 部分，返回值为 HTTP 协议的状态码。

5. 实战步骤

(1) 在浏览器输入"iot.xidian.edu.cn"，打开微物联云平台。

(2) 登录/注册。

(3) 打开"数据中心"并点击"新增网关"，如图 5-29 所示。

图 5-29　新增网关

(4) 选择"自定义网关"，如图 5-30 所示。

(5) 输入"主题"和"描述"为 http_test，不公开。

图 5-30　自定义网关

(6) 在新创建的网关上添加节点，如图 5-31 所示。

图 5-31　添加节点

(7) 填写"节点名称""标签 TAGS"为 hello，"节点号"为 1，选择属性名称为"上报时间间隔"，自定义属性和名称为 second，勾选后边两个选项，如图 5-32 所示。

图 5-32　添加节点属性

(8) 在"开发文档"中下载本实战例程"PostHTTPClient"。

(9) 修改"sn"为网关号，如图 5-31 所示。

(10) 修改"APIKEY"(在"安全设置"→"账号 KEY")，如图 5-33 所示。

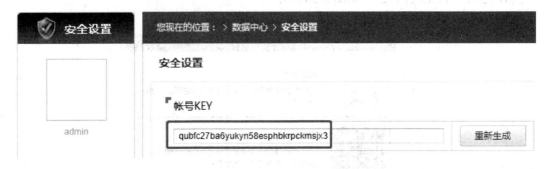

图 5-33　查看 APIKEY

(11) 发送的 JSON 数据为平台规定的固定形式，"sn"为"节点号"，其他数据的 KEY 为添加节点时的"自定义属性"，如："second"，参考第(7)步。

```
/**
PostHTTPClient.ino

    Created on: 21.11.2016

*/

#include <ESP8266WiFi.h>
#include <ESP8266HTTPClient.h>

#define USE_SERIAL Serial

/* this can be run with an emulated server on host:
            cd esp8266-core-root-dir
            cd tests/host
            make ../../libraries/ESP8266WebServer/examples/PostServer/PostServer
            bin/PostServer/PostServer
    then put your PC's IP address in SERVER_IP below, port 9080 (instead of default 80):
*/
//#define SERVER_IP "10.0.1.7:9080" // PC address with emulation on host
#define SERVER_IP "data.iot.xidian.edu.cn"
#define SN "1120052916761748"
#define APIKEY "qubfc27ba6yukyn58esphbkrpckmsjx3"

#ifndef STASSID
#define STASSID "CMCC-rupg"
#define STAPSK    "ecf69ha4"
#endif

void setup() {

USE_SERIAL.begin(115200);

USE_SERIAL.println();
USE_SERIAL.println();
USE_SERIAL.println();

WiFi.begin(STASSID, STAPSK);
```

```
        while (WiFi.status() != WL_CONNECTED) {
delay(500);
USE_SERIAL.print(".");
  }
USE_SERIAL.println("");
USE_SERIAL.print("Connected! IP address: ");
USE_SERIAL.println(WiFi.localIP());


}

void loop() {
  // wait for WiFi connection
  if ((WiFi.status() == WL_CONNECTED)) {

WiFiClient client;
HTTPClient http;

USE_SERIAL.print("[HTTP] begin...\n");
    // configure traged server and url
http.begin(client, "http://" SERVER_IP "/scene/"SN); //HTTP
http.addHeader("Content-Type", "application/json");
http.addHeader("apikey", APIKEY);

USE_SERIAL.print("[HTTP] POST...\n");
    // start connection and send HTTP header and body
    int httpCode = http.POST("{\"datastreams\":[{\"sn\":\"1\",\"second\":\"1\"}]}");

    // httpCode will be negative on error
    if (httpCode> 0) {
      // HTTP header has been send and Server response header has been handled
USE_SERIAL.printf("[HTTP] POST... code: %d\n", httpCode);

      // file found at server
      if (httpCode == HTTP_CODE_OK) {
        const String& payload = http.getString();
USE_SERIAL.println("received payload:\n<<");
USE_SERIAL.println(payload);
USE_SERIAL.println(">>");
      }
```

```
        } else {
   USE_SERIAL.printf("[HTTP] POST... failed, error: %s\n", http.errorToString(httpCode).c_str());
        }

   http.end();
      }

   delay(10000);
      }
```

(12) 上传程序，并打开串口调试助手，调试信息如图 5-34 所示。

```
.
.
.
.
.
.
.
.
.
Connected! IP address: 192.16
8.1.5
[HTTP] begin...[HTTP] POST...

[HTTP] POST... code: 200receive
d payload:<<
{"s":1,"d":"ok"}
>>

[HTTP] begin...[HTTP] POST...

[HTTP] POST... code: 200receive
d payload:<<
{"s":1,"d":"ok"}
>>
```

图 5-34　串口调试信息

(13) 在平台的"数据中心"查看最新数据是否上传成功，如图 5-35 所示。

节点号	节点名称	主属性	当前值	最新更新时间	操作
1	hello	second	1s	2020-05-29 10:50:49	详情 编辑 删除

http_test 1120052916761748　　　　　添加节点 详情 编辑 删除

图 5-35　微物联平台查看数据

6. 总结

通过本次实战，我们学习了如何利用 ESP8266 发送 HTTP 请求到微物联平台。

作业

结合 5.1 节实战四，完成发送温湿度传感器数据到物联网平台。

第6章　应 用 案 例

开发者首先按照附录二 MicroThings OS 实验平台使用指南的步骤注册账号，成为开发者，再按照第 5 章所述的实验步骤完成硬件节点的接入，然后在 MicroThings OS 实验平台上添加自己的网关和节点，最后完成数据的接入与显示。本章将介绍基于 MicroThings OS 实验平台开发的应用。

6.1　空气质量监测系统开发

6.1.1　学习目标

(1) 掌握基于 MicroThings 平台的物联网应用开发；
(2) 掌握传感器数据的采集与解析；
(3) 掌握传感器数据的可视化展示；
(4) 掌握控制命令的下发；
(5) 掌握远程传感器节点数据的收集方法。

6.1.2　开发环境

硬件：空气质量传感器 1 个。
软件：Windows xp/7/8/10，Eclipse4.7.3，HBuilder9.0.3。

6.1.3　原理学习

1. 系统设计目标

随着工业化的不断发展，环境污染也日趋严重，空气中的细颗粒物(主要为 PM2.5)浓度越来越高，空气质量状况成为人民日益关注的话题。通过对空气质量传感器的采集监控，能够实时将空气质量状况推送到 Android 移动客户端，实现随时随地远程获取家庭空气状况，空气质量监测功能模块如图 6-1 所示。

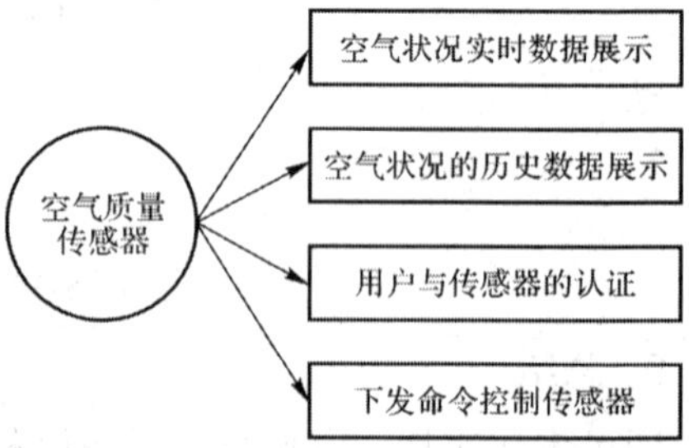

图 6-1　空气质量监测功能模块

2. 业务流程分析

远程空气质量的数据采集按传输过程分为三部分：传感器节点、MicroThings 平台和客户端(Android 或 Web)。空气质量监测数据的采集流程如图 6-2 所示。

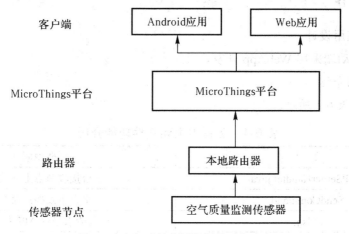

图 6-2　空气质量监测数据的采集流程

具体描述如下：

(1) 传感器节点连接本地 WiFi 网络，传感器节点的 WiFi 模块通过串口与路由器进行数据通信。

(2) 传感器节点的数据通过 WiFi 网络使用 TCP 协议将数据传输到 MicroThings 平台，平台将传感器节点数据进行解析，之后封装成平台统一数据格式进行存储并推送到客户端。

(3) Android 应用通过调用 MicroThings 平台 API 获取传感器节点实时数据，从而实现数据采集的功能。

远程空气质量监测传感器节点的控制命令的下发过程分为三个部分：客户端(Android 或 Web)、MicroThings 平台和传感器节点，如图 6-3 所示。具体描述如下：

(1) 用户通过客户端程序使用 http 协议将控制命令以及参数信息发送至 MicroThings 平台。

(2) MicroThings 平台解析来自客户端的控制命令，通过传感器节点的唯一标识找到该传感器的信息，然后把控制命令通过 TCP 长连接的方式发送到相应的传感器节点。

(3) 传感器节点接收到来自平台的控制命令，进行相应的响应。

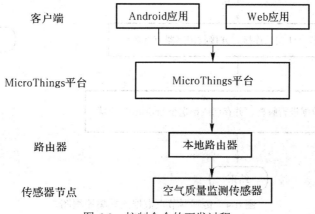

图 6-3　控制命令的下发过程

6.1.4　开发内容

1．移动端应用设计

本案例的移动端采用 WebApp 开发。

1）工程框架介绍

工程框架如表 6-1 所示。

表 6-1　工程中主要文件功能介绍

文　件	功能说明
TCPServerHandler.java	平台接收节点上传数据
SendCommand	平台下发控制命令
utils.js	客户端请求平台 API 方法集合
main_page.html	传感器数据的展示

2）程序业务流程分析

利用 MicroThings 平台的 API 接口文档，空气质量监测的应用设计主要采用实时数据 API 接口、历史数据 API 接口和下发命令控制 API 接口。传感器节点数据的采集流程如图 6-4 所示，Android 应用端调用平台 API 传感器节点的命令控制流程如图 6-5 所示。

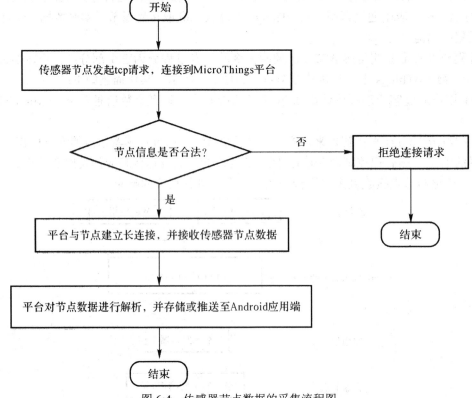

图 6-4　传感器节点数据的采集流程图

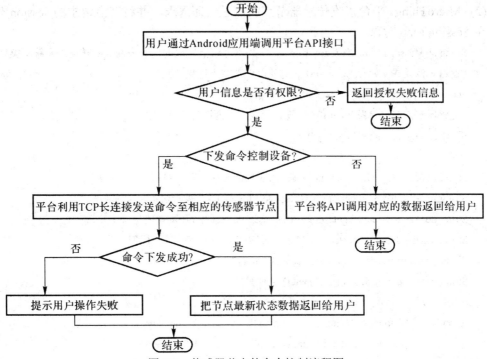

图 6-5 传感器节点的命令控制流程图

3) 程序代码分析

(1) MicroThings 平台相应传感器节点的设备激活请求，初始化 sessionMap 对象(请求中携带开发者 key(devkey)和传感器节点唯一标识(bssid))如下所示。

```
//将传感器节点发送的信息 message 转化为字符串类型
 tring strMessage = message.toString();
//传感器节点向平台发"activete"字段表示激活节点
if(strMessage.contains("activate")){
try{
String nonce = JsonUtil.getJson(strMessage, "nonce");//节点发送数据的频率
String token = JsonUtil.getJson(strMessage, "token");//节点身份信息验证字段
String devkey = JsonUtil.getJson(strMessage, "devkey");//开发者信息验证字段
SimpleDateFormat df = new SimpleDateFormat("yyyy-MM-dd HH:mm:ss");
String datetime = df.format(new Date());//时间戳
//传感器节点的响应信息
response =   "{\"nonce\": "+ nonce + ",\"token\": "+token+",\"devkey\": "
+devkey+",\"activate status\": 1,\"datetime\": \""+ datetime+"\"}";
session.write(response);//响应传感器节点
} catch(Exception e){
e.printStackTrace();
}
```

(2) MicroThings 平台接收传感器节点的信息认证请求，并将节点请求的 session 信息保存至 Session Map 对象。

```java
String strMessage = message.toString(); //将传感器节点发送的信息 message 转化为字符串类型
//使用单例模式初始化 SessionMap 对象以管理节点连接信息
SessionMapsessionMap = SessionMap.newInstance();
//传感器节点向平台发"identify"字段表示该请求为设备认证请求
if(strMessage.contains("identify")){
try{
String nonce = JsonUtil.getJson(strMessage, "nonce");//节点发送数据的频率
String token = JsonUtil.getJson(strMessage, "token");//节点身份信息验证字段
String devkey = JsonUtil.getJson(strMessage, "devkey");//开发者信息验证字段
String bssid = JsonUtil.getJson(strMessage, "bssid");//节点的唯一标识
SimpleDateFormat df = new SimpleDateFormat("yyyy-MM-dd HH:mm:ss");
String datetime = df.format(new Date());//时间戳
//响应信息
response = "{\"nonce\": "+ nonce + ",\"token\": "+token+",\"devkey\": "
        +devkey+",\"identify status\": 1,\"datetime\": \""+ datetime+"\"}" ;
        session.write(response);//响应传感器节点
//保存节点的 session 信息(用于命令下发)
sessionMap.addSession(bssid, session);
tokenDao.save(token,bssid,devkey);//持久化保存节点的认证信息
    }
  catch(Exception e){
e.printStackTrace();
}
```

(3) 传感器节点将监测到的数据传输至 MicroThings 平台。

```java
//将传感器节点发送的信息 message 转化为字符串类型
String strMessage = message.toString();
//使用单例模式初始化 SessionMap 对象以管理节点连接信息
SessionMapsessionMap = SessionMap.newInstance();
if(strMessage.contains("ping")){
try{
String nonce = JsonUtil.getJson(strMessage, "nonce");//节点发送数据的频率
    String token = JsonUtil.getJson(strMessage, "token");//节点身份信息验证字段
    String devkey = JsonUtil.getJson(strMessage, "devkey");//开发者信息验证字段
    String bssid = JsonUtil.getJson(strMessage, "bssid");//节点的唯一标识
    //根据设备的标识获得该设备的所在场景号 ID(sceneId)
    String sceneId = tokenDao.getNodeSceneInfo(bssid);
    //根据设备 Id 获得该设备拥有者的账号 key(devkey)
```

```
        String devkey = tokenDao.getNodeDevKey(bssid);
        SimpleDateFormat df = new SimpleDateFormat("yyyy-MM-dd HH:mm:ss");
        String datetime = df.format(new Date());//时间戳
        //响应信息
        response = "{\"nonce\": "+ nonce + ",\"token\": "+token+",\"devkey\": "
                +devkey+",\"ping status\": 1,\"datetime\": \""+ datetime+"\"}" ;
        session.write(response);//响应信息
        HashMap<String, Object> content = new HashMap();//平台重新封装数据信息
        String[] keys = stringToArray(JsonUtil.getJson(strMessage, "datapoint"));
        for(int i = 0; i<keys.length;i += 2){
            content.put(keys[i], keys[i+1]);
        }
        content.put("at", System.currentTimeMillis());//节点信息时间信息
        content.put("sn", bssid);//节点唯一标识
        String finalData = JsonUtil.toJson(content);//将 JSON 数据转为 String 类型
        updatasFromTcp(sceneId,finalData, devkey);//存储该条数据至平台
    } catch(Exception ex){
        ex.printStackTrace();
    }
}
```

(4) Android 应用端获取传感器节点数据(本案例采用 vue.js 调用平台接口)。

```
//发送 http 请求至 MicroThings 平台(url 为请求数据 API)
axios.get(url, {}).then(function(response) {
vue.allDatas = response.data; //获取请求数据
    nodeName = vue.allDatas.node.name;//节点名称
//数据产生的时间
    let time = new Date(Number(vue.allDatas.currentData.at) * 1000);
//设置 PM2.5 展示模块值
  option_gauge.series[0].data[0].value = Number(vue.allDatas.currentData.data.pm2p5);
    myChart_gauge.setOption(option_gauge, true);
//展示其他数据
    setMoreValue(Number(vue.allDatas.currentData.data.pm2p5), time);
if(vue.allDatas.datas.length> 2) {
        option_line.xAxis.data = vue.allDatas.datas.map(function(item) {
        let time = new Date(Number(item.at) * 1000);//展示节点的历史数据
        return time;
        });
    option_line.series.data = vue.allDatas.datas.map(function(item) {
        return item.data.pm2p5;
```

```
        });
    }
myChart_line.setOption(option_line, true)
    }).catch(function(error) {
        alert(error);
    });
```

(5) Android 应用端下发控制命令至 MicroThings。

```
//用户发送命令(开关，挡数)
owner.sendCommand = function(sceneId,nodeId,switchValue,callback) {
var myHost = 'scene/'+sceneId+'/node/'+nodeId+'/cmd';//命令下发的 API
 var commandInfo = {};
 var cmdStr = '{';
 if(switchValue!=0){ //组装下发命令格式
            cmdStr=cmdStr + 'switch=1,'
            cmdStr=cmdStr + 'gear='+switchValue+'}'
        }else {
            cmdStr=cmdStr + 'switch=0'+'}'
        }
 commandInfo.cmdStr = cmdStr;
 commandInfo.cmdKey = "switch";
//下发命令
 getDatas = request(myHost,'['+JSON.stringify(commandInfo)+']', 1, "get", "发送中");
 if(getDatas) {
            return callback();
 }
 }
```

(6) MicroThings 下发命令至传感器节点。

```
public String sendCommand(Map<String, String>commandMap) throws Exception{
        SessionMapsessionMap = SessionMap.newInstance();//单例获取 session 的集合
        Random randomNum = new Random();//生成 32 位随机数
        int nonce = Math.abs(randomNum.nextInt());
        String bssid = commandMap.get("nodeSn");//设备节点号
        IoSession session = sessionMap.getSession(bssid);//获取相应设备的 session
        TokenBssidtokenBssid = tokenDao.getInfo(bssid,null); //根据节点号查询节点信息
        String token = tokenBssid.getToken();//节点的身份认证信息
        String devkey = tokenBssid.getDevkey();//开发者的开发 key
        String response = "";//平台向设备发送的信息声明
        String commandstr = commandMap.get("command");
        if(commandstr.contains("switch=0")){ //关闭设备操作
```

```
                String commandstr = commandstr.split("=")[0];
                String status = commandstr.split("=")[1];
                //组装下发命令(与硬件控制命令格式一致)
                response =   "{\"nonce\": "+ nonce +",\"token\": \""+token+"\",\"devkey\": \""+devkey+
                        " \",\"switch\": "+status+",\"method\": \"POST\"}" ;}
        //开启设备操作
    else if(commandstr.contains("switch=1")&&!commandstr.contains("gear")){
                String commandstr = commandstr.split(",")[0];
                String status = commandstr.split("=")[1];
                response =   "{\"nonce\": "+ nonce +",\"token\": \""+token+"\",\"devkey\": \""+devkey+
                        " \",\"switch\": "+status+",\"method\": \"POST\"}" ;}
        else if(commandstr.contains("gear")){//开 gear+1 档
                String sw = commandstr2.split(",")[0];
                String swstatus = sw.split("=")[1];
                String gear = commandstr.split(",")[1];
                String gearstatus = gear.split("=")[1];
                response =   "{\"nonce\": "+ nonce +",\"token\": \""+token+"\",\"devkey\": \""+devkey+
                        " \",\"gear\": "+gearstatus+",\"method\": \"POST\"}" ;
        }
    else if(commandstr.contains("beacon")){//修改频率
                String beacon = commandstr.split(",")[0];
                String value = beacon.split("=")[1];
                response =   "{\"nonce\": "+ nonce +",\"token\": \""+token+"\",\"devkey\": \""+devkey+
                        " \",\"beacon\": "+value+",\"method\": \"POST\"}" ;
        }
        session.write(response);发送命令至传感器节点
        return "";
    }
```

2. Web 端应用设计

根据 Web 端应用编程接口定义，空气质量监测系统的应用设计主要有实时数据 API、历史数据 API 和下发控制命令 API，JS 部分代码如下：

(1) 请求获得传感器节点的信息。

```
        //获得一个用户拥有的节点所有信息
    owner.getNodes = function(pageInfo, snValue) {
        var myHost = "scene/" + snValue; //API 接口
        var getDatas = null;//平台返回的数据定义
        var nodeArray = new Array(Object);//定义数据数组
        getDatas = request(myHost, JSON.stringify(pageInfo), 1, "Get", "加载中");//向平台请求数据
```

```
//解析平台返回的数据
if(getDatas.scene) {
    var nodesInfo = JSON.parse(JSON.stringify(getDatas.scene.nodes));
    for(var i = 0; i<nodesInfo.length; i++) {
        var nodes = new Object();
        nodes.snValue = nodesInfo[i].snValue;
        nodes.name = nodesInfo[i].name;
        nodes.picUrl = nodesInfo[i].picUrl;
        nodes.datas = nodesInfo[i].currentData;
        var time = new Date(Number(nodesInfo[i].currentData.at) * 1000)
        nodes.time = time;
        nodeArray[i] = nodes;//添加数据至数组
    }
    return nodeArray;//返回数据
}
return null;
}
```

(2) 用户请求控制命令的下发。

```
//用户下发命令
owner.sendCommand = function(sceneId,nodeId,switchValue,callback) {
var myHost = 'scene/'+sceneId+'/node/'+nodeId+'/cmd';//API 接口
    var commandInfo = {};
    var cmdStr = '{';
    if(switchValue!=0) {//组装命令的格式
        cmdStr=cmdStr + 'switch=1,'
        cmdStr=cmdStr + 'gear='+switchValue+'}'
    }else {
        cmdStr=cmdStr + 'switch=0'+'}'
    }
    commandInfo.cmdStr = cmdStr;
    commandInfo.cmdKey = "switch";
    console.debug('['+JSON.stringify(commandInfo)+']')
    getDatas = request(myHost,'['+JSON.stringify(commandInfo)+']', 1, "get", "发送中");
    if(getDatas) {
        return callback();
    }
};
```

6.1.5 开发步骤

空气质量监测系统的开发步骤如下：

(1) 搭建 MicroThings 共享开放平台，可按照本书前面的指导进行。

(2) Android 应用程序开发。

① 案例采用 html5 进行编写，使用 vue.js 进行开发，可自行选择熟悉的工具进行开发，API 的使用可以参考平台 API 手册；

② 基于 MicroThings 平台开发需要注册开发者账号来获取开发者 key；

③ 利用开发者 key 就可以调用平台的 API，本案例实现的页面如图 6-6 所示。

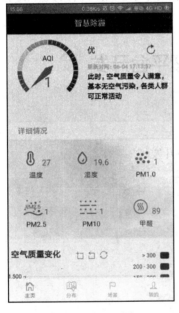
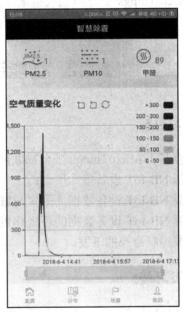

图 6-6 Android 节点数据的展示

(3) Web 应用程序开发。

① 使用 JS 调用平台 API 进行开发；

② 本案例使用 html5 编写，采用响应式页面，对于尺寸大小不一致的设备都可以有很好的展示，如图 6-7 所示。

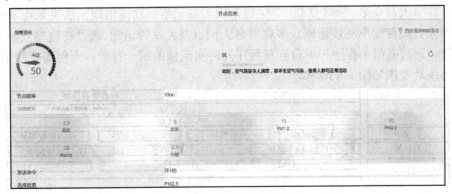

图 6-7 Web 端节点数据查看

6.1.6　总结与拓展

实现了空气质量的监控开发，并可以根据不同的污染变化情况动态地调节节点上传数据的频率。从本案例可以看出，MicroThings 在节点接入、节点数据上传、用户获取数据和用户控制节点等方面都做了相应的权限管理。基于 MicroThings 平台，案例中涉及传感器节点数据的采集、数据的存储和命令的下发控制等，开发者可以更多地实现定制化的功能。

练习题

利用 MicroThings 平台和空气质量传感器实现简单的应用，使其具有展示空气质量、向设备下发命令的功能。

6.2　智能锁管理平台开发

6.2.1　学习目标

(1) 掌握基于 MicroThings 平台物联网应用的开发；
(2) 掌握 NB-IoT 设备接入平台；
(3) 掌握 NB-IoT 设备数据的采集与解析；
(4) 掌握 NB-IoT 设备数据的可视化展示；
(5) 掌握控制命令的下发。

6.2.2　开发环境

硬件：NB-IoT 锁。
软件：MySQL 5.7+、MongoDB4+、Tomcat8+、Nginx、Elastic Search 5.6.12、Ehcache。

6.2.3　原理学习

1. 系统设计目标

高校寝室人员众多、管理复杂，学生经常因为忘记带钥匙而出现无法进入寝室的情况，寝室管理人员如何简单高效管理众多寝室是人们日益关注的话题。通过在寝室安装 NB-IoT 智能门锁，通过微信小程序和后台管理程序同时实现锁的统一管理，方便高校师生的日常生活。系统功能图如图 6-8 所示。

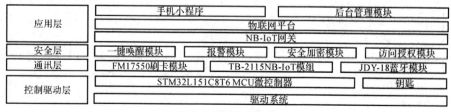

图 6-8　系统功能图

2. 业务流程分析

本文以查看 NB-IoT 智能锁的刷卡记录和远程开锁两个功能的开发为例，展示 NB-IoT 智能锁设备数据的上传、解析以及对 NB-IoT 智能锁设备的远程命令的下发功能。具体的业务流程如图 6-9 所示。

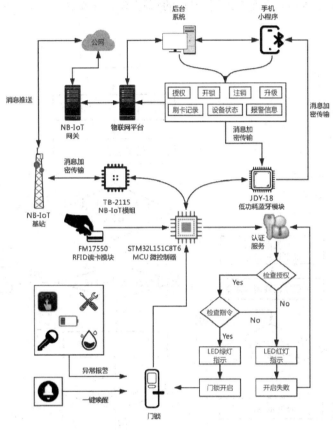

图 6-9　业务流程图

查看智能锁的刷卡记录的通信过程描述如下：

(1) NB-IoT 智能锁设备通过 NB-IoT 基站以消息推送的方式将智能锁的刷卡记录传输到 NB-IoT 网关；

(2) 网关将数据推送到 MicroThings 平台，平台再将传感器节点数据进行解析，然后封装成平台统一数据格式进行存储和推送到客户端；

(3) 小程序和后台管理程序调用 MicroThings 平台 API 获取传感器节点的实时数据，从而实现查看智能锁刷卡记录的功能。

向 NB-IoT 智能锁设备下发命令的通信过程描述如下：

(1) 用户通过小程序或者后台管理程序将开锁命令及其参数信息发送至 MicroThings 平台；

(2) MicroThings 平台解析来自小程序或者后台管理程序的控制命令，通过节点的唯一标识找到该节点的信息，然后把控制命令发送到相应的节点；

(3) 节点接收到来自平台的控制命令，实现开锁功能。

6.2.4　开发内容

1. 程序流程分析

利用 MicroThings 平台的 API 接口文档，智能锁管理平台主要采用历史数据 API 接口和下发命令控制 API 接口。查看锁刷卡记录的流程图如图 6-10 所示。下发开锁命令的流程图如图 6-11 所示。

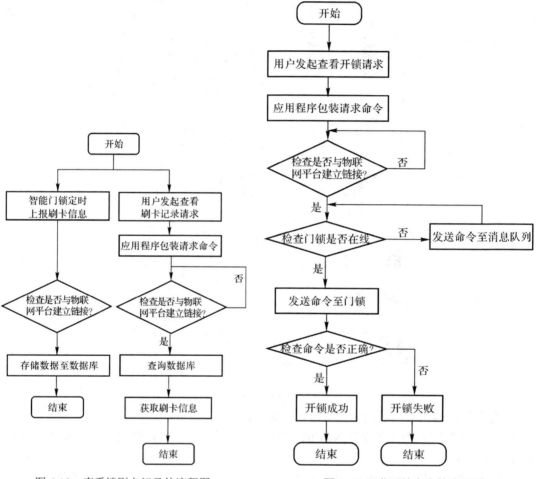

图 6-10　查看锁刷卡记录的流程图　　　　　图 6-11　下发开锁命令的流程图

2. 程序代码分析

用户根据 NB-IoT 智能锁的序列号查看智能锁的刷卡历史记录。

```
@GetMapping("/record/{sn}/{pi}")
Public String getDeviceRecordInfoBySn(ModelMap model,@PathVariable("sn") String deviceSn,@
PathVariable("pi") int pagerIndex) throws Exception {
// 查询可查看记录时间
int recordTime = Integer.parseInt(TimeVariables.recordtime);
Pager<LockRecord> pager = deviceManagerService.getDeviceRecordBySn(
```

```
            deviceSn, recordTime, pagerIndex); //利用 deviceManagerService 分页查找刷卡记录
            model.put("pager", pager);//在返回的 model 中添加所需要的数据
            model.put("menuClass", "deviceMenu");
            model.put("recordTime", recordTime);
            return "/device/lockRecord";//返回的 html 页面
        }
```

如下为 device Manager Service 中的 get Device Record BySn 方法。

```
    public Pager<LockRecord>getDeviceRecordBySn(String deviceSn,int recordTime, int pagerIndex)
    throws Exception {
            List<LockRecord> records = new ArrayList<>();
        Map<String, Date> params = new HashMap<>();
            Calendar calendar = Calendar.getInstance();
            Date et = calendar.getTime();
        calendar.add(Calendar.HOUR_OF_DAY, -recordTime);//查看一段时间的刷卡记录
          Date st = calendar.getTime();
        params.put("st", st);
        params.put("et", et);
        //与 Microthings 平台通信，获得智能门锁的刷卡记录
            String res = microthingsClient.send("get", CommonConstants.MICROTHINGS_NODE_LOCK
                    EVENT, deviceSn,JsonUtil.toJson(params));
            // 异常处理
            String ra = JsonUtil.getFieldString(res, "ra");
            if (JsonUtil.toInteger(ra, "st") < 0) {
                throw new LockException("没有权限访问");
            }
            List<MtNodeHistory> list = JsonUtil.toList(res, "datas",MtNodeHistory.class);
        //将记录放在 list 中
        for (MtNodeHistorynodeHistory : list) {
                Object decode = codecUtil.decode(nodeHistory.getData().get("lockEventData"));
                if (decode instanceof List) {
        records.addAll((List<LockRecord>) decode);
                }
            }
            int size = records.size();
            Pager<LockRecord> pager = new Pager<>(size, pagerIndex);
            int skipResults = pager.getSkipResults();
            int toResults = skipResults + pager.getMaxResults();
            if (toResults> size) {
        toResults = size;
```

```
                }
        //在分页器中存入刷卡记录
        pager.setData(records.subList(skipResults, toResults));
            return pager;
        }
```

(1) 实现远程开锁功能。

```
    /**
    * 根据设备 sn 远程开锁
    *
    * @param deviceSn 设备 sn
    * @return 开锁结果
    * @throws Exception  异常处理
    */
     public String remoteOpenDoorBySn(String deviceSn) throws Exception {
    // 查询超时时间
    int expireTime = Integer.parseInt(TimeVariables.expiretime);
    return deviceClient.sendCommd(deviceSn, new RemoteOpenDoorCommd(),Integer.toString(
    expireTime * 60 * 60)); //向设备下发命令
            }
```

(2) 向 MicroThings 平台下发命令代码。

```
    /**
    * 根据设备 sn 向平台发送命令
    *
    * @param deviceSn
    * @return
    * @throws Exception
    */
     public String sendCommd(String deviceSn, Object commd, String expireTime) throws Exception{
        //组装命令
        List<MtCommand>commdGroup = new ArrayList<MtCommand>();
        //根据特定的设备，组装特定的命令，向平台下发，在设备的说明文档中具体阐述命令的
        组成方式
        commdGroup.add(new MtCommand("nbKey", codecUtil.encode(commd)));
        //设置超时时间
        commdGroup.add(new MtCommand("expireTime", expireTime));
        return microthingsClient.send("get", CommonConstants.MICROTHINGS_NODE_COMMD
        EVENT, deviceSn, JsonUtil.toJson(commdGroup));
            }
```

6.2.5　开发步骤

智能锁管理平台的开发步骤如下：

(1) 搭建 MicroThings 共享开放平台，可按照本书前面章节的指导进行。

(2) 后台应用程序开发。

① 本案例采用 springMVC 开发技术，API 的使用可以参考平台 API 手册；

② 基于 MicroThings 平台开发需要注册开发者账号获取开发者 key；

③ 利用开发者 key 就可以调用平台的 API，本案例实现查看设备刷卡记录如图 6-12 所示，远程下发开锁命令如图 6-13 所示。

图 6-12　查看设备刷卡记录

图 6-13　远程下发开锁命令

6.2.6　总结与拓展

　　本案例实现了 NB-IoT 智能锁管理系统的开发,从本案例中可以了解到 NB-IoT 节点数据的上传以及向该节点下发控制命令的方法,同时,利用 MicroThings 平台,开发者可以根据自己的需求定制多样化的应用。

练习题

　　利用 MicroThings 平台和智能锁实现简单的应用,使其具有展示开锁信息、远程开锁等的功能。

附录 1 中英文缩略语对照表

附表 1-1 中英文缩略语对照表

缩略语	英文全称	中文对照
IoT	Internet of Things	物联网
MQTT	Message Queuing Telemetry Transport	消息队列遥测传输
	MicroThings	微物联共享开放平台
IoT-Switch	Internet of Things Switch	物联网交换机
IoT-Link	Internet of Things Link	微物感知接入平台
IoT-Stack	Internet of Things Stack	边缘云计算支撑平台
IoT-Sec	Internet of Things Security	物联网安全支撑保障系统
IoT-C&C	Internet of Things Condition Container	微物联 API 提供平台
IoT-M	Internet of Things Management	微物联后台管理平台
IoT-STAR	Internet of Things STAR	物联网仿真平台
IoT-Data	Internet of Things Data	微物联数据管理平台

附录 2　MicroThings OS 平台使用指南

1. 新手指南

1) 标配服务器的参数指标

标配服务器的参数指标如附表 2-1 所示。

附表 2-1　标配服务器的参数指标

类别	参数指标
CPU 处理器	4 颗处理器(八核、2.1 GHz ,20 MB 三级缓存，8 GT/s OPI)
内存	128G (32G*4) DDR4 2400 R-ECC 内存
硬盘容量	2TB 企业级硬盘*2
电源	500W 80PLUS 服务器高效电源

2) 公网/内网(是否有公网 IP)

公网/内网(是否有公网 IP)的具体情况如附表 2-2 所示。

附表 2-2　网络环境-部署版本对照表

网络环境类别	部署版本
有公网 IP	物联网共享开放平台(多域版)
无公网 IP	物联网共享开放平台(单域版)

注：建议部署物联网共享开放平台(多域版本)，便于后期信息互通共享。

3) 底层传感器

需要网关的使用说明文档，至少应该包含以下几方面：

(1) 设备采用的通信协议；

(2) 各设备控制指令格式；

(3) 各节点数据格式；

(4) 设备采用的通信机制。

下面以西电域下的一套网关节点进行举例说明。

(1) 当网关程序连接到服务器时，首先发送如下认证指令格式(可无)：

{"method":"authenticate","uid":"<应用 ID>","key":"<应用 KEY>", "version":<协议版本号>, "autodb":<是否存储历史数据>}

请求内容中，method 为指令类型，authenticate 为认证请求指令。uid 是指网关需要认证所属 ID，在一个域下每一个网关都有唯一 ID。key 是指网关针对认证方式需要的相关密钥信息。version 是指网关认证协议的版本号，以便于服务器进一步对协议进行识别判断。autodb 是指网关在发送数据给服务器过程中约定是否需要将数据保存到 db 中，以便于持久性观测。

服务器接收到网关认证请求后，会作出响应，网关接收的响应指令如下：

{"method":"authenticate_rsp", "status":"ok"}

{"method":"authenticate_rsp","status":"error", "reason":"xxxxxx"}

响应内容中，method 为指令类型，authenticate_rsp 为认证响应指令。status 是指认证是否成功，当 status 为 ok 表示网关收到 ok 包，即认证成功；当 status 为 error 表示网关收到 error 包，表示认证失败，可以查询 reason 内容查看认证失败的原因。

网关收到 error 包后不再发起连接。

(2) 认证通过后，用户可以通过平台下发控制指令给节点，控制指令格式如下：

{"method":"control", "addr":"<节点 MAC 地址>", "data":"<控制指令>"}

控制内容中，method 为指令类型，control 为控制指令。addr 是指节点所属 MAC 地址，在一个域下每一个节点都有唯一 MAC 地址。data 是指控制指令内容，一般为平台针对设备属性约定的控制指令。

节点接收到平台下发的控制指令后，可以作出相关控制动作。

(3) 若节点具有观测属性，在一定条件下节点会将观测数据发送到平台，数据格式如下：

{"method":"sensor", "addr":"<节点 MAC 地址>", "data":"<节点发送的数据>"}

数据发送内容中，method 为指令类型，sensor 为传感数据指令。addr 是指节点所属 MAC 地址，在一个域下每一个节点都有唯一 MAC 地址。data 是指节点发送的数据内容。

平台接到节点数据后会对节点数据进行展示并将节点数据持久化保存到 db 中。

(4) 通信机制（如部分节点采用心跳机制）：

部分节点在一定场景下需要保持长连接确保服务正常，因此需要心跳检测包，数据格式如下：

{"method":"echo", "timestamp":122321213.333, "seq":1234434}

心跳检测包中，method 为指令类型，echo 为心跳检测响应指令。timestamp 是指心跳检测时间戳。seq 是指心跳检测序列号信息。

(5) 设备通信采用的协议，如 tcp、mqtt 等。

4) 平台环境搭建详情

本平台环境搭建所用软件详单如附表 2-3 所示。

附表 2-3　平台环境依赖软件

软件名称	作　用	版本号
Mysql	存储结构化数据，例如网关详情数据	mysql5.1.52
Sphinx	(1) 搜索标题 场景 scene 表。 (2) 标签搜索	sphinx2.1.0
Apache-activemq	充当整个平台的消息中间件，实现数据的实时推送，命令中转下发	activemq5.9.0
Zookeeper	高可用分布式数据管理与系统协调的集群服务。可以为分布式应用提供状态同步、配置管理、名称服务、群组服务、分布式锁及队列、以及 Leader 选举等服务，如在新增节点情况下使用	zookeeper3.4.5
Sersync	可以记录下被监听目录中发生变化的(包括增加、删除、修改)具体某一个文件或某一个目录的名字，功能类似于嗅探器	sersync2
Rsyncd	提供一个客户机和远程文件服务器的文件同步的快速方法，实现文件的同步，同 Sersync 协同使用	rsync3.0.6
Apache-tomcat	作为 Web 容器运行 Web 项目，平台代码运行在此之上	tomcat-7.0.30
Mongodb	一个基于分布式文件存储的数据库，存储海量 IoT 感知数据	mongodb2.2.0
Mecahched	内存数据库，提高平台性能、用户体验，存储在平台运行中的热数据，减少响应时间	memcached-1.4.4
Nginx	(1) 用作静态服务器，整个项目的静态资源包括 css、js 等。 (2) 用作反向代理服务器，将请求转向 Tomcat，实现请求响应	nginx1.2.3
GraphicsMagick	图片处理工具	GraphicsMagick 1.3.20

5) 用户注册&登录

通过微物联共享开放平台登录网址(http://iot.xidian.edu.cn)进入平台首页，有相应的平台介绍，数据中心，应用中心，开发文档，项目成果等入口，用户可通过入口实现对平台的了解和其功能的应用。

用户注册可通过首页 Banner 图中间的注册入口进入用户注册页面，填入用户名、邮箱、密码，然后点击注册即可注册成功。

用户登录通过首页右上角登录入口进入用户登录页面，填入用户名、密码点击登录即可登录成功。用户登录时，如果忘记密码，可通过登录窗口下的忘记密码入口进行用户账户密码的找回，如附图 2-1 所示。

(a)

(b)

附图 2-1　用户注册/登录

6) 修改密码

　　用户通过首页导航栏数据中心入口登录，进入数据中心，可以通过左边菜单栏中的个人资料入口进入个人资料页面。点击编辑个人资料，进入个人资料修改页面，通过用户名旁边的修改密码来进行对用户密码的修改，如附图 2-2 所示。

附图 2-2　修改密码

2. 个人信息维护

1) 个人资料修改

用户登录后进入数据中心，在右边会显示个人信息的菜单，点击个人资料，进入个人资料页面，点击编辑可以进行个人资料的修改，如附图 2-3 所示。

附图 2-3　个人信息维护

2) 我的消息

在个人消息菜单栏里,可以看到我的消息入口,点击进入我的消息,可以查看当前账号下所产生的消息,比如设备更新、报警信息、应用消息等,如附图 2-4 所示。

附图 2-4　我的消息

3) 安全设置

在个人消息菜单栏里可以看到安全设置入口,点击进入安全设置,可以绑定账号的安全 KEY 值,网关通过 KEY 值与平台进行安全的认证交互,如附图 2-5 所示。

附图 2-5　安全设置

3. 网关设置

1) 新增网关

打开数据中心,点击添加网关。开发者可以选择系统网关和自定义网关,系统网关由平台提供,用户可直接利用这些网关上的数据进行应用开发,自定义网关由硬件开发者自行定义的产品类型,遵循我们提供的协议使用平台,如附图 2-6 所示。

附图 2-6　新增网关

2) 网关操作

在网关的右上角进行删除、编辑或查看详情操作，如附图 2-7 所示。

西电北校区（物联网）　086610102111000328　　　　　　　　　　　添加节点　详情　编辑　删除

节点号	节点名称	主属性	当前值	最新更新时间	操作	
00:12:4B:00:10:27:B4:66	温湿度传感器	温度	24.0℃	2019-01-12 19:21:31	详情 编辑 删除	比
00:12:4B:00:10:28:28:9A	三轴加速度传感器	X轴加速	0.0A	2019-01-12 19:21:27	详情 编辑 删除	比
00:12:4B:00:10:28:37:49	酒精传感器	酒精浓度	12.0ppm	2019-01-12 19:21:32	详情 编辑 删除	比
Q0:12:4B:00:10:28:1B:5B	继电器	继电器	0switch	2019-01-12 19:21:15	详情 编辑 删除	比
00:12:4B:00:10:27:97:37	光感传感器	光感	1014.1lux	2019-01-12 19:21:28	详情 编辑 删除	比
00:12:4B:00:0A:FB:0C:D6	空气质量传感器	空气质量	22.0ppm	2019-01-12 19:21:27	详情 编辑 删除	比
00:12:4B:00:10:27:A5:7C	人体红外传感器	红外	0F	2019-01-12 19:21:32	详情 编辑 删除	比
00:12:4B:00:10:27:A5:66	风扇	风扇	0fan	2019-01-12 19:21:12	详情 编辑 删除	比
00:12:4B:00:10:27:B4:2C	可燃气体传感器	可燃气体	16.0mol	2019-01-12 19:21:26	详情 编辑 删除	比
00:12:4B:00:10:28:28:8A	振动传感器	震动	0vib	2019-01-12 19:21:12	详情 编辑 删除	比
00:12:4B:00:10:28:28:A9	RFID135	RFID	0F	2019-01-12 19:21:27	详情 编辑 删除	比

附图 2-7　网关列表

进入网关编辑页面后，可从主题、标签、产品描述、地理位置以及是否公开等多个方面进行编辑，如附图 2-8 所示。

您现在的位置：首页 ＞ 数据中心 ＞ **自定义网关编辑**

自定义网关编辑

西电北校区（物联网）网关
网关号：086610102111000328

* 主题

西电北校区（物联网）

编辑网关常规信息

＊标签TAGS　中智讯网关　　　　　　　＊产品描述　中智讯盒装网关

网站：

是否公开

◉ 是　○ 否

图片上传

［浏览…］　上传文件类型：JPG、GIF、PNG 文件大小：不超过200KB

附图 2-8　网关操作

4. 节点设置

1) 新增节点

在网关的右上角点击"添加节点"按钮，进行添加节点操作，如附图 2-9 所示。

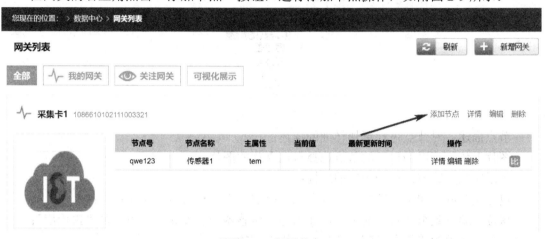

附图 2-9　新增节点

2) 节点操作

点击节点后的编辑、删除或详情按钮，可以对节点设备进行操作。

(1) 节点编辑可从附图 2-10 中的几个方面进行编辑。

附图 2-10　编辑节点信息

节点名称：给节点起一个便于识别的名字；

节点号：节点的唯一标识；

标签 TAGS：为节点打上合适的标签便于检索；

图形类型：根据节点数据的特征选择合适的图形，如附图 2-11 所示。

附图 2-11　节点图形类型

节点描述：对节点进行更加详细的描述；

图片上传：可以为自己的节点选择自己喜欢的图片；

展示属性：给节点选择合适的属性；

自定义名称：如果属性名称里没有想选择的属性，也可以自定义属性；

单位：属性数组所对应的单位，如温湿度传感器的温度属性的单位是"摄氏度"；

符号：属性的单位所对应的符号，如摄氏度的符号为℃；

自定义属性：传感器上传的数据所对应的标识，如 D0、A0 等；

选择展示：选择是否在第一页展示；

展示主属性：如果一个节点有多个属性，可以选择其一作为主属性；

操作：可进行删除；

添加属性：如果一个节点有多个属性，可以点此添加属性；

编辑控制面板：命令组名称，选择合适的命令组类别；

命令组 KEY：代表当前节点的命令属性，比如开关、视频等；

添加命令组：如果有多个命令组，可以在此添加；

控制名称：具体的控制指令名称；

控制字符串：填写用于控制节点的具体指令；

添加命令：如果有多条命令，可以在此添加，如附图 2-12 所示。

附图 2-12　编辑节点命令

(2) 通过节点详情可查看节点的设备信息、历史数据以及对节点进行控制，如附图 2-13 所示。

历史数据有图表和列表两种展现形式，可展示最近 5 分钟到 3 个月的数据。两种展示方式如附图 2-14 所示。

附图 2-13　节点信息面板

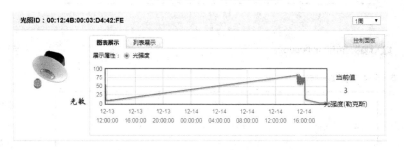

(a)

(b)

附图 2-14　节点历史数据图表

3) 比一比

点击节点后边的"比"按钮将节点加入到对比栏，可以对各节点数据进行横向对比，如附图 2-15 所示。

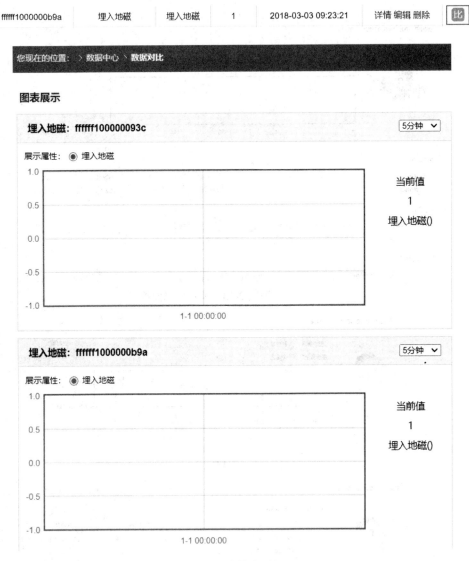

附图 2-15　节点信息对比

5. 关联设置

在关联设置处，可以在节点达到相应阈值时进行邮件、短信、微信报警以及执行相应的控制动作，如附图 2-16 所示。

通过添加、编辑、详情、删除等按钮对关联设置进行相关操作。关联设置详细信息如附图 2-17 所示。

间隔时间：每隔多长时间探测一次节点数值；

添加条件：选择网关、节点、属性以及阈值，探测次数为节点数值超过阈值的次数，只有超过这个次数才会进行报警以及控制等操作；

　　报警设置：可选择邮件通知、手机短信、站内短信、微信公共账号以及应用推送方式；

　　是否重复：配置的动作在执行条件成立时是否重复执行；

　　是否执行：设置配置的动作是否生效；

　　失效时间：关联设置的失效时间；

　　配置动作：配置节点在执行条件成立时需要执行的命令。

　　关联设置操作如附图 2-17 所示。

您现在的位置：　＞ 关联设置

关联设置列表　　　　　　　　　　　　　　　　　　　　　　　　　＋ 添加

关联组名称	报警网关	报警节点	配置动作	报警设置	操作		
实时ph	无	无	无	应用推送	详情	编辑	删除
实时光照	无	无	无	应用推送	详情	编辑	删除
实时大气压	无	无	无	应用推送	详情	编辑	删除
实时电导率	无	无	无	应用推送	详情	编辑	删除
实时土壤温湿度数据	无	无	无	应用推送	详情	编辑	删除
实时二氧化碳数据	无	无	无	应用推送	详情	编辑	删除
实时温湿度数据更新	无	无	无	应用推送	详情	编辑	删除

附图 2-16　节点关联设置

附图 2-17　关联设置详情

6. 可视化展示

点击数据中心里边的"可视化展示"按钮，可以查看节点的实时数据展示，如附图 2-18 所示。

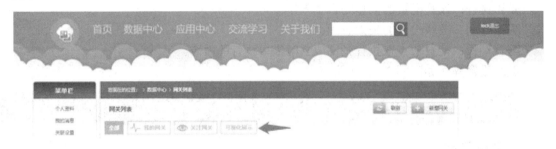

附图 2-18　可视化入口

附图 2-18 中，右边为各个域数据发送情况的实时展示，左边为各个域节点关系的拓扑结构。在进入某个域后，如附图 2-19 所示，点击相应的节点就会显示该节点的实时数据以及统计信息，见附图 2-20。

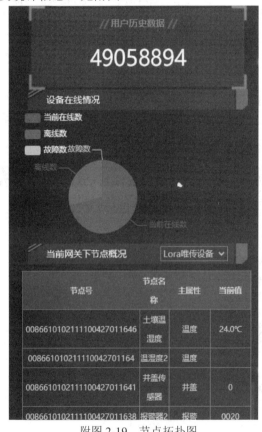

附图 2-19　节点拓扑图

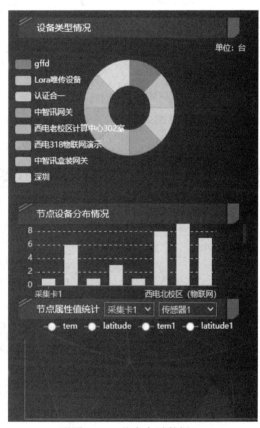

附图 2-20　节点实时数据

7. 应用中心

用户可以通过首页上方的应用中心入口进入平台的应用中心，在应用中心页面，可以看到基于平台开发的所有物联网应用，并可以通过授权使用平台应用，如附图 2-21

所示。

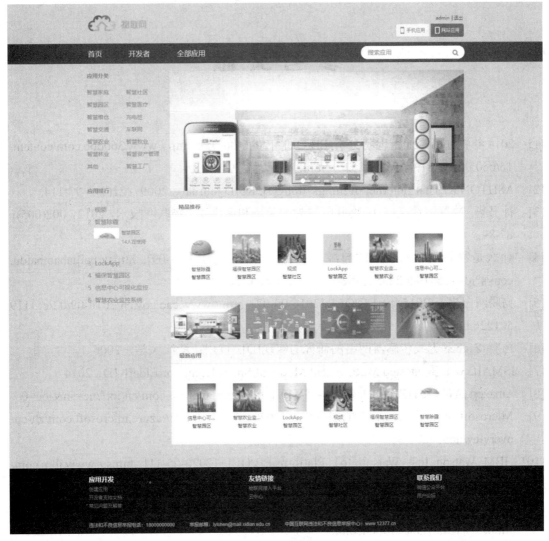

附图 2-21　应用中心

参 考 文 献

[1] 2014 年物联网产业链现状分析[EB/OL]. [2016-06-05]. http://www.360doc.com/content/16/0605/22/888124_565348526.shtml.

[2] ASHTON K. That 'internet of things' thing[J]. RFID journal，2009，22(7)：97-114.

[3] 钟书华. 物联网演义(一)：物联网概念的起源和演进[J]. 物联网技术，2012，002(005)：87-89.

[4] 什么是物联网？物联网的起源与发展[EB/OL]. [2017-04-09]. https://baijiahao.baidu.com/s?id=1564194422352519&wfr=spider&for=pc.

[5] 物联网白皮书(2015 年)[EB/OL]. [2016-09-02]. http://www.cac.gov.cn/2016-09/02/c_1119501226.htm.

[6] 杨赓. Zigbee 无线传感器网络的研究与实现[D]. 杭州：浙江大学，2006.

[7] ISMAIL W I. Suggested Multi-Agent Model of Smart Home for Elderly[D]. 2014.

[8] Amazon. AWS IoT[EB/OL]. [2020-05-11]. https://aws.amazon.com/cn/iot/?nc=sn&loc=0.

[9] Microsoft Azure. Azure IoT[EB/OL]. [2020-05-11]. https://azure.microsoft.com/zh-cn/overview/iot/.

[10] IBM Watson IoT. Watson IoT Platform[EB/OL]. [2020-05-11]. https://www.ibm.com/internet-of-things/solutions/iot-platform/watson-iot-platform.

[11] Ayla Networks.IoT Software Companies | Device Management[EB/OL]. [2020-05-11]. https://www.aylanetworks.com.

[12] Exosite.Internet of Things (IoT) Platform for Connected Devices[EB/OL]. [2020-05-11]. https://exosite.com.

[13] Electric.Electric Imp Secure IoT Connectivity Platform[EB/OL]. [2020-05-11]. https://www.electricimp.com.

[14] 百度智能云. 百度智能云天工物联网平台[EB/OL]. [2020-05-11]. https://cloud.baidu.com/solution/iot/index.html.

[15] 阿里云. 阿里云 IoT：所知不止于感知[EB/OL]. [2020-05-11]. https://iot.aliyun.com.

[16] 腾讯开放平台. QQ 物联智能硬件开放平台[EB/OL]. [2020-05-11]. https://iot.open.qq.com.

[17] 中国移动. OneNET：中国移动物联网开放平台[EB/OL]. [2020-05-11]. https://open.iot.10086.cn.

[18] 华为云. 华为 IoT，从物联网到智联网[EB/OL]. [2020-5-11]. https://www.huaweicloud.com/product/IoTCollect.html.

[19] 物联网智库. 有关物联网的 20 个问题[EB/OL]. (2017-10-01) [2020-05-11]. https://www.sohu.com/a/195870426_160923.

[20] 王亚唯. 物联网发展综述[J]. 科技信息，2010(03)：13-43.

[21] 徐涛. 物联网技术发展现状及问题研究[J]. 中国市场，2010(32)：96-98.

[22] 刘砚. 基于云计算的物联网系统架构研究[J]. 科技信息，2012(01)：209-210.

[23] 纪阳，成城，唐宁. Web of Things：开放的物联网系统架构研究[J]. 数字通信，2012，39(05)：14-19，54.